과학경진대회 수상자들의 공부법

과학경진대회 수상자들의 공부법
8명의 학생들에게 배우는 도전하는 힘

초판 1쇄 발행 2024년 9월 10일

지은이 미도리 신야
옮긴이 김진아

펴낸이 김진규
책임편집 김정희
경영지원 정동윤

펴낸곳 (주)시프 | 출판등록 2021년 2월 15일(제2021-000035호)
주소 경기도 고양시 덕양구 권율대로668 티오피클래식 209-2호
전화 070-7576-1412
팩스 0303-3448-3388
이메일 seepbooks@naver.com
ISBN 979-11-92421-36-0 43400

8명의 학생들에게 배우는 도전하는 힘

미도리 신야 지음 | 김진아 옮김

과학경진대회 수상자들의 공부법

시프

들어가며

2020년 11월에 94세의 나이로 세상을 떠난, 노벨 물리학상 수상자 고시바 마사토시는 젊은이들을 위한 강연회에서 자주 이런 말을 하곤 했다. "마음에 꿈의 알을 가져라."

'꿈'이 아니라 그 꿈의 '알'을 가져야 한다고 한 이유는 동물의 알처럼 영양분을 주고 따듯하게 덥히는 과정, 즉 키우는 과정이 꿈을 실현하는 데서 가장 중요하다는 걸 강조하려는 의도였을 것이다. 꿈의 알은 어떻게 발견할 수 있을까? 고시바 씨는 이렇게 말한다.

> 젊을 때 두려워하지 말고 여러 가지 일에 도전해 체험해보세요. 그중에서 '아, 이거라면 할 수 있겠다' '이런 걸 해보고 싶다'

는 느낌이 드는 것을 찾아내세요. 그렇게 발견한 것이 바로 꿈의 알입니다.

고시바 마사토시, 《뉴트리노의 꿈》 중에서

꿈의 알은 가만히 기다리면 알아서 뚝 떨어지는 게 아니라 스스로 움직여 내 손으로 붙잡는 것이다. 앞날이 불투명하고 제약이 많은 요즘 세상에서는 그런 도전적인 자세가 필요하다.

그러나 이 지침대로 실행하는 것이 어려운 사람도 있을 터이다. 나 역시 어릴 때는 성격이 매우 소심해 주변의 활발한 아이들을 보며 '나도 여러 가지 일에 도전해보고 싶다'고 생각하면서도 좀처럼 실천으로 옮기지 못했다. '두려워하지 말라'고들 하지만, 그 한 걸음을 내디디는 일 자체에 저항감을 느끼는 사람이 적지 않을 것이다.

이 책에서는 꿈의 알을 찾아 키워낸 젊은 선구자들을 소개하고자 한다.

뒷면을 보이며 떨어지는 낙엽이 많은 이유를 찾은 판타지 소설광 고등학생. 유명한 수학 정리의 확장판을 증명한 등교 거부 경험자. 초등학교 때 증조할아버지가 신문 글자를 확대해 읽으실 수 있도록 애플리케이션을 개발했던 프로그래밍을 좋아하는 고등학생.

고등학생 시절 미세플라스틱으로 인한 해양오염 문제를 해결하기 위해 쓰레기로 버려지는 톱밥을 단열재로 만든 대학생. 과학 동아리 친구들과 직접 만든 장치로 화성의 중력 환경을 재현하여 각종 과학상을 휩쓴 야간 고등학교 출신 대학생.

고등학생 때 국제적인 생물학 대회에서 우수한 성적을 내고, 대학에서 바이오인포매틱스를 공부하며 그 지식을 활용하여 고생물을 연구하는 한편 유튜브에서 게임 실황 중계를 하는 화석 마니아 대학원생. 고등학생 때 누룩곰팡이가 배양용 샬레 안에서 원을 형성하는 비밀을 알아내려 도전하고, 심해에 관한 관심을 넘어 대학 시절 유인 잠수 조사선 '신카이 6500'에 탑승해 심해 조사를 체험한 후 컨설턴트로 자리 잡은 회사원.

모기에 잘 물리는 여동생을 위해 모기에 잘 물리지 않는 방법을 탐구하다 마침내 그 해답을 알아내 미국 명문대에 진학한 대학원생.

모두 가까이에 있는 궁금증이나 어른들로부터 얻은 아이

디어로 각종 과학연구 경진대회에서 훌륭한 성적을 거둔, 꿈의 알을 소유한 이들이다. 그들의 모습은 아직 꿈의 알을 찾지 못한 사람, 이미 찾았지만 어떻게 키울지 고민하는 사람에게 분명 한 걸음 앞으로 내디딜 용기를 줄 것이다. 그들이 어떻게 과학적으로 생각하고 발견에 이르렀는지 참고가 되는 것은 물론이다.

9장과 10장에서는 과학계 최전선에서 활약하는 연구자 두 명에게 학창 시절이나 연구생활 경험을 토대로 과학교육의 방향에 대해 생각하는 바를 물었다. 내 아이가 과학에 관심을 가지면 좋겠다거나 과학적인 사고방식을 익히길 바라는 부모님들에게 도움이 되리라 생각한다.

차례

낙엽은 왜 뒷면을 보이며 떨어질까?

판타지 소설광의 의문

9

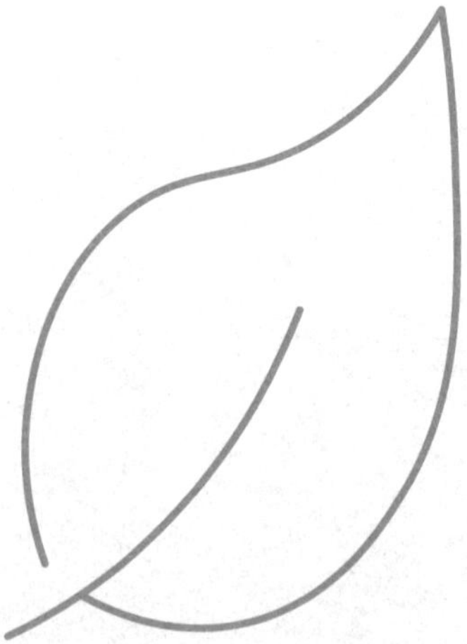

떨어지면서 등에를 누른 것은 동백꽃인가

落ちざまに虻を伏せたる椿かな

나쓰메 소세키가 지은 글귀다. 그가 구마모토현 다이고고등학교에 영어교사로 부임했을 때 읊은 것이다. 등에가 동백꽃 수술에 매달려서 정신없이 꿀을 빤다. 그때 동백꽃이 줄기에서 뚝 떨어져 지면에 낙하하면서 등에는 꽃에 짓눌린다. 소세키가 실제로 동백꽃과 등에의 순간적인 공방전을 목격한 것인지, 아니면 상상만 한 것인지는 확실하지 않다.

그런데 이 상황은 말이 될까? 훗날 이 문제를 진지하게 검토한 이는 바로 소세키가 다이고고등학교 교사 시절 가르친 제자이자 수필가로도 잘 알려진 도쿄제국대학 이과대학

교수이자 물리학자인 데라다 도라히코다. 도라히코는 낙하한 동백꽃 대부분이 똑바로 떨어지는 것, 다시 말해 꽃잎이 벌어진 방향을 위로 하여 땅바닥에 떨어진다는 사실을 알아차렸다. 무작위로 떨어진다면 똑바로 떨어진 것, 엎어져서 떨어진 것이 반반 정도의 비율이 될 터였다. 똑바로 떨어지기 쉬운 어떤 이유가 있는 걸까?

도라히코는 동백꽃의 꽃잎과 비슷한 원뿔형 모형을 만들어 낙하 실험을 하고 공기 저항을 받는 물체의 회전을 계산하여, 동백꽃과 같은 원뿔형 물체가 낙하 중에 회전하여 똑바로 떨어지기 쉽다는 점을 발견했다. 더 나아가 만약 원뿔형 물체에 등에 정도의 무게가 나가는 물체가 있으면 무게 중심이 달라져 뒤집혀 낙하하기 쉽다는 점도 밝혀냈다. 소세키가 읊은 구절의 상황이 실제로 가능하다는 뜻이다. 이 연구 결과는 〈공기 중에서 낙하하는 특수한 형태의 물체(동백꽃)의 운동에 관하여〉라는 학술 논문으로 1933년에 발표됐다.

동백꽃에서 낙엽으로

그리고 약 90년 후, 낙하한 식물이 한 방향으로만 떨어지는 경우가 많음을 발견한 고등학생이 있었다. 그 학생이 주목한 것은 동백꽃이 아니라 낙엽이었다.

“학교 현관 앞에 낙엽이 잔뜩 떨어져 있었는데, 뒷면을 위로 해서 떨어진 잎이 더 많아 보였어요. 친구와 함께 낙엽을 주워봤는데, 역시 앞면보다 뒷면을 보이며 떨어진 게 더 많았습니다.”

이 말을 한 이는 나가사키현립 오무라고등학교 3학년이던 모토무라 간나이다. 낙엽 낙하 방향에 대해 깨닫게 된 계기는 데라다 도라히코의 동백꽃 연구였다고 한다.

“학생 스스로 과제를 찾아 실험하거나 관찰하는 시간이 있는데, 저는 2학년 때 동백유를 사용한 실험을 했거든요. 그때 지나가던 선생님이 알려주셨어요. ‘동백과 관련하여 데라다 도라히코의 연구가 있다, 동백꽃은 똑바로 떨어질 때가 많다는 걸 증명했다’라고요. 제 주변에서 뭔가 비슷한 게 없나 고민하던 중에 뒷면으로 떨어진 낙엽이 많다는 것을 알게 됐어요.”

오무라고등학교는 2018년 문부과학성이 ‘슈퍼사이언스 하이스쿨SSH’로 지정한 곳이다. SSH는 문부과학성이 2002년부터 운영해온 과학기술 인재 육성 사업으로, 선정된 고등학교 혹은 중고일관교(中高一貫校, 학교 및 고등학교를 6년제로 통합한 일본의 교육기관—옮긴이)는 정부 지원금을 받아 대학 연구실 수준의 실험기구를 구입하거나 일반적인 교육 커리큘럼을 과학적인 내용으로 교체할 수도 있다. 간나가 선생님께 데라다 도라히코의 동백꽃 연구에 대해 들었던 과제 연구 수업도 SSH 지정 학교이기에 가능한 커리큘럼이었다.

간나는 낙엽에 관한 비밀을 풀기 위해 2학년이 되어 과학 동아리에 들어갔다.

우선 뒷면을 보이며 떨어진 잎(이하, 뒷잎)을 고의적으로 많이 줍는 가능성을 배제해야 했다. 그래서 낙엽의 채취 장소를 가로세로 2미터 구획으로 잡았다. 그 안에 떨어진 낙엽을 모두 주워 앞면을 보이며 떨어진 잎(이하, 앞잎)을 미리 준비해 둔 앞잎 전용 봉투에 넣고, 뒷잎도 전용 봉투에 넣어 각각 몇 장인지 세었다. 그 결과 뒷잎의 수가 더 많았다. 때에 따라 차이가 있었지만 그 비율이 9대 1에 이르는 경우도 있었다.

위에서 나뭇잎을 떨어트려 얻은 뜻밖의 결과

왜 뒷잎이 더 많을까? 데라다 도라히코가 검증한 동백꽃처럼 낙하 중에 회전하여 뒷면을 보이게 되는 것일까? 간나는 교실 안 2미터 높이에서 낙엽을 떨어트려보았다. 그런데 결과는 뜻밖이었다.

"녹나무, 느티나무, 벚나무 잎으로 시험해보았는데 앞잎과 뒷잎의 비율은 녹나무가 반반, 느티나무와 벚나무는 7대 3 비율이었습니다. 오히려 앞잎이 더 많았던 거예요."

낙하 직후에는 앞잎과 뒷잎의 비율이 반반이거나 앞잎이 더 많았으나 실제로 야외에서 간나가 주운 낙엽 중에 뒷잎이 더 많은 사실로 보아……

"어떤 원인으로 인해 반전된다는 뜻이겠지요. 바람이 불었을 때 앞잎이 더 뒤집히기 쉽고, 뒷잎은 덜 뒤집히는 것이라면 결과적으로 뒷잎이 많아질 수밖에 없다고 생각했습니다."

간나는 잎을 바닥에 놓고 송풍기로 바람을 일으켰다. 풍속계로 바람의 강도를 재면서 어느 정도의 풍속일 때 앞잎과 뒷잎이 뒤집히는지를 조사했다. 잎을 뒤집는 풍속이 녹나무, 느티나무, 벚나무 모두 앞잎일 때 유의미하게 작았다. 즉 앞잎이 더 뒤집히기 쉬웠다는 뜻이다.

더 나아가 앞잎에서 뒷잎으로, 또는 뒷잎에서 앞잎으로 뒤집히는 현상을 수식화하여 실험을 통해 얻은 이 반전율을 컴퓨터 시뮬레이션으로 구현해보았다. 그랬더니 실제로 주운 앞잎과 뒷잎의 매수를 재현할 수 있었다.

먼저 배워야 할 것은? 수열!

잎이 낙하한 후 잠시 시간이 지나면 바람 등의 영향을 받아 뒷면을 보이며 뒤집히기 쉬운 듯했다. 다음으로 풀어야 할 수수께끼는 그 원리였다. 어째서 뒷잎이 되기 쉬운 것일까?

간나는 바람이 잎에 닿을 때 생기는, 위로 향하는 힘과 아래로 향하는 힘의 균형(정확히는 '힘의 모멘트')에 따라 반전 현상을 설명할 수 있으리라고 생각했다.

각 잎의 면적이나 가장자리가 뒤집혀 휘어진 각도의 크기 등을 실제로 측정해서 앞잎과 뒷잎이 반전되는 풍속을 구하는 수식으로 계산하니, 실험에서 얻은 풍속에 가까운 수치를 얻을 수 있었다.

간나는 뒷면을 보이며 떨어진 잎이 많은 점, 앞면을 보이며 떨어진 잎이 바람을 받아 뒤집히기 쉽다는 점을 관찰·실험·계산을 통해 더 명확히 규명했던 것이다.

"과학 동아리 고문선생님께서 물리 현상을 수식으로 설명하는 일이나 수학 B에서 배우는 수열의 점화식을 사용할 수 있을 거라고 방향을 제시해주셨습니다. 그때 저는 아직 점화식을 배우지 않아서 우선 수학선생님께 수열부터 가르쳐 달라고 부탁드렸어요."

점화식은 잘 모르더라도 고등학교 수학 범위에 들어가지만, 간나의 연구 리포트에 잎이 떠오르는 힘으로 등장하는 양력揚力은 유체역학적 개념으로 일반적으로는 대학에서 배우는 내용이다.

대학에서 배우는 유체역학의 개념을 우연히 깨닫다

"양력이 뭔지 몰라서 저는 처음에 뒷잎은 잘 뒤집히지 않는다는 사실을 가지고 뒷잎이 많은 이유를 설명할 수 있지 않을까 했어요. 뒷잎에 바람이 닿으면 위에서 아래로 누르는 힘이 강해져서 잘 뒤집히지 않는 것이라고 추측했지요. 만약 그렇다면 전자저울 위에 뒷잎을 놓고 바람을 불었을 때 무게가 늘어날 거예요. 그런데 결과는 전혀 그렇지 않고, 오히려 더 가벼워졌지요. 뭐가 뭔지 알 수가 없어서 혼란스러웠어요. 실험을 진행할 수 없어서 일단 방과 후에 지금까지 얻은 데이터를 과학실에서 정리하고 있었는데, 근처에서 3학년 선배가 유체역학 이야기를 하는 것이 들렸지 뭐예요."

선배는 대학의 추천 입학 준비를 위해 면접 연습 중이었다. 선생님이 면접관 역할을 맡고 그 학생의 취미 중 하나인 비행기와 관련해 예상 질문을 던졌다. "유체역학에 대해 간결히 설명해주세요."

"선배의 대답을 들으면서 혹시 유체역학이 제 실험과 관련된 게 아닐까 하는 생각이 들었어요. 그후에 인터넷으로 조사해서 양력이라는 개념을 알게 됐지요."

선생님의 조언과 선배의 면접 연습 덕분에 결론을 낸 간나의 낙엽 연구는 2020년 11월에 제3회 글로벌 사이언티스트 어워드 '꿈의 날개'에서 문부과학대신상(최우수상)을 받았다. 또한 2021년 3월에 제17회 일본물리학회 주니어 부문에

서 최우수상을 받았고, 같은 해 8월에 제45회 전국고등학교 종합문화제 기노쿠니와카야마소분紀の国わかやま総文 2021 자연과학 부문(물리)에서 최우수상을 받았다. 마찬가지로 그 해 8월에 2021년도 슈퍼사이언스하이스쿨 학생 연구발표회 제2부 '대표 학교의 전체 발표'에서 국립연구개발법인 과학기술진흥기구 이사장상을 수상하는 등 고교 과학 경진대회에서 매우 높은 평가를 받았다.

그림책과 과학관

이 쾌거에 깜짝 놀란 건 어머니인 게이 씨였다.

"딸애가 아침에 잘 일어나지 못하는 데다 학교 성적도 아주 좋은 편은 아니었어요. 늘 공부하라고 잔소리만 했지요. 낙엽 연구로 여러 가지 상을 탔는데, 그게 정말 우리 애가 맞나? 하고 의심이 갈 정도였어요. 꼼꼼히 지도해주신 선생님들 덕분에 그런 상을 받을 수 있었습니다."

게이 씨는 어릴 때 딸이 책을 좋아하는 사람으로 크길 바랐다고 한다.

"첫 아이여서 일찍이 그림책을 읽어주곤 했어요. 같은 책을 여러 번 읽어주느라 저도 아예 책 없이 외워 이야기해줬거든요. 그랬더니 딸이 기어서 책장에 있던 그 책을 꺼내 왔어요. 깜짝 놀랐죠. 초등학생 시절에도 간나는 책을 좋아해서 거의 매일 도서관에서 책을 빌려오곤 했어요. 판타지 소설을 좋아하는 것 같더군요."

중학교에서 상담사로 일하는 게이 씨는 딸에게 크게 칭찬할 만한 부분이 있다고 말한다.

"어떤 상황에서든 즐길 줄 아는 힘을 가지고 있는 아이 같아요. 고등학생 정도 되면 학교나 교우관계에 불만도 많이 생길 텐데, 누군가에 대해 나쁘게 말한 적이 없었지요."

과학교육을 집중적으로 한 건 아니었지만, 근처에 있는 과학관에 데리고 갈 기회는 많았다고 한다.

"비가 오는 날은 실내에서 놀 수 있는 시설을 찾아 아이 아빠가 과학관에 딸을 데려가곤 했어요."

간나도 어릴 때 종종 과학관에 갔던 것을 기억하고 있다.

"나가사키시립과학관이나 사가현립우주과학관, 아빠의 고향이기도 한 구루메에 있는 과학관(후쿠오카현 청소년과학관) 등 이곳저곳의 과학관에 가봤어요. 아빠는 중학교에서 기술 과목 선생님으로 일하시는데, 제 이름인 '간나'는 나무를 다

듣는 도구인 대패를 의미하는 한자에서 따온 거래요."

실험보다 더 좋아한 것

과학관에서 과학에 친밀감을 느끼며 유소년기를 보내서인지, 간나는 중학생 때 과학 과목을 좋아하게 됐다고 한다.

"중학교 과학선생님이 실험을 매우 중시하는 분이어서 물리, 생물, 화학 등 다양한 실험을 해볼 수 있었습니다. 저는 실험보다 고찰을 적는 걸 더 좋아했지만요."

고찰은 실험에서 얻은 결과가 처음의 가설을 어떻게 설명하는지, 가설과 맞아떨어지는지, 실험 방법은 타당했는지, 어떻게 하면 개선할 수 있을지를 검토하여 정리하고 기록하는 일이다. 초·중등 교육과정이나 대학 수업 때 실험을 하면 반드시 고찰을 적어야 한다. 화학 반응처럼 눈으로 보는 즐거움이 있는 실험에 비해 고찰에서 재미를 느끼는 사람은 적지 않을까 싶었다.

"저는 실험 전에는 전혀 예습을 안 해서 결과가 어떻게 나올지 몰랐어요. 어느 게 옳을지 생각하면서 결론을 내는 게 재미있었지요."

생각하는 시간을 즐기는 자세 덕분에 누구나 눈으로 보면서도 그냥 지나쳤던 '신비'를 발견하고, 실험을 통해 결론을 낼 수 있었던 것이리라. 데라다 도라히코도 풀숲 사이로 간나의 낙엽 연구 모습을 보며 흐뭇해했을 게 분명하다.

나뭇잎이 뒷면을 보이는 것이 진화의 결과는 아닐까?

낙엽 형태가 앞면과 뒷면 반전이 쉬워지도록 영향을 끼친다. 간나의 연구는 그 물리적 원리에 크게 접근한 것이었으나, 간나가 원래 밝히고 싶었던 건 그런 물리적인 수수께끼와는 전혀 다른 부분이었다.

"녹나무, 느티나무, 벚나무 잎 말고도 은행나무에서도 뒷잎이 앞잎보다 많은지 알아봤어요. 그런데 은행잎은 거의 반반이어서 처음 세 종류의 나무처럼 큰 차이가 나지 않았지요. 저는 은행이 진화 역사에서 녹나무, 느티나무, 벚나무보다 더 일찍 등장한 종이어서 그런 게 아닐까 생각했어요. 반대로 말하자면 녹나무, 느티나무, 벚나무는 잎이 떨어진 후에 뒷면을 보이도록 진화한 것이 아닐까 추측한 것이지요."

잎이 뒷면을 보이도록 진화했다고? 식물에게 뒷면을 드러내는 것이 뭐가 좋다는 걸까.

"예를 들어 식물이 뒷잎을 위로 향하는 편이 영양분을 더 많이 흡수할 수 있을지도 몰라요."

참 재미있는 발상이다. 낙엽은 토양 속 미생물에 의해 분해되어 주변 식물에 영양분을 공급한다. 이 자체는 이미 널리 알려진 사실이지만, 만약 식물이 분해되기 쉬운 형태의 잎을 가지고 있다면, 그렇지 않은 식물보다 더 비옥한 토양 환경을 만들어 많은 자손을 남길 수 있을 것이다.

"낙엽 분해에 자외선이 관련되어 있지 않을까 생각해서 2020년 8월에 학교 옥상에 베니어합판을 깔아놓고, 그 위에 뒷잎과 앞잎을 나누어 펼쳐 날아가지 않도록 망으로 덮어 관찰했어요. 만약 자외선에 의한 분해 영향이 앞잎에서는 적고 뒷잎에서 크다면, 뒷잎을 위로 향하는 편이 분해되기 쉽다는 뜻이 되겠지요."

만약 간나의 이 아이디어가 검증되면 산림 순환과 진화 메커니즘의 정교함까지 밝히는 사례가 될 것이다.

"저는 그 연구를 하고 싶어서 과학 동아리에 들어갔어요. 하지만 생물 실험은 시간이 많이 걸리잖아요. 햇볕에 잎을 두고 얼마나 분해되는지를 분광광도계나 크로마토그래피(물질을 분리 및 정제하는 장치)를 사용해서 조사하려 했지만, 몇 주나 한 달 단위로는 분해가 진행되지 않았어요. 게다가 과학경진대회 리포트 제출 기한이 임박해서 더 초조했요. 실험이 성공할지 알기 전부터 신청을 넣어버렸거든요. 그래서 중간에 연구 방향을 바꿀 수밖에 없었어요."

다시 말해, 낙엽 반전 연구 자체가 마감이라는 바람을 받아 '반전'한 결과였다는 뜻이다.

"우선 잎이 쉽게 반전되는 이유를 밝혀야 한다는 것을 깨달았어요."

그런데 낙엽의 앞면과 뒷면의 분해 차이에 관한 실험은 어떻게 됐을까?

"처음에는 자주 관찰하러 갔지만 전혀 분해가 안 됐더라고요. 그러는 한편 반전되기 쉬운 이유를 찾는 실험이 바빠져서 한동안 옥상의 잎을 그냥 방치해버렸어요."

방치된 사이 앞잎과 뒷잎의 분해 경쟁이 이루어지고 있었을지도 모르지만, 간나가 오랜만에 옥상에 갔을 때는 이미 양쪽 모두 구별이 되지 않을 정도로 다 썩고 난 뒤였다고 한다. 둘 다 형태도 없이 완전히 분해되어버렸다.

앞잎인지 뒷잎인지에 따라 자외선에 의한 분해 속도에 차이가 생길까? 이 수수께끼는 아직 밝혀지지 않았다. 간나는 일단 이 연구를 중단하고, 다음 목표를 위해 도전 중이다.

경제와 환경이 함께 가는 사회를 만드는 꿈

연구가 무척 아깝지만 간나는 이제 고등학교 3학년. 대학 합격을 목표로 열심히 공부해야 한다. 입시 준비로 당장 실험은 못 하더라도 훗날 연구자가 될 마음은 없는 것일까.

"개발도상국에서 개발 프로젝트 리더가 되어 경제 발전과 환경 보전이 양립하는 사회를 실현하는 것이 현재의 꿈이에요."

개발도상국이 현재의 선진국과 같은 방식으로 개발을 이루어나가면 환경에 큰 부담을 주게 된다. 그렇다고 발전을 하지 말고 현 상태를 유지하라는 건 말도 안 되는 소리다. 환경 보전과 경제 발전을 동시에 이룩해야 한다. 간나는 이 난제를 푸는 데 도전하고 싶다고 한다. 그런데 왜 하필 개발 프로젝트 리더일까?

"환경 문제에는 공학적인 과제만이 아니라 민족 문제 등 여러 분야가 관련되어 있어요. 저는 다양한 것을 아는 게 좋아요. 분야의 벽을 넘어 폭넓은 지식을 익혀 각 분야의 전문가를 연결하는 사람이 되고 싶어요. 낙엽 연구는 과학 동아리 후배 중에 이어서 해줄 사람이 나오면 좋겠어요." 간나는 고등학교 2학년 때 과학 동아리에 들어갔고, 고등학교 입학과 동시에 들어간 어학 동아리와 병행 중이다. 어학 동아리에서 영어를 배우면서 외국 문화를 접한 경험도 세계로 눈을 돌린 계기로 작용한 것일까.

"그런 것도 있어요. 고등학교에서 어학 동아리에 들어간 건 중학교 3학년 때 다녔던 궁도 교실에서 ALT(외국어 지도 조수)로 일하는 원어민들을 많이 만났기 때문이에요. 저도 이렇게 빠르게 이야기하고 학교 영어수업에서 접할 수 없는 표현도 배우고 싶다고 생각했지요."

간나는 낙엽 연구 중 선생님으로부터 데라다 도라히코의 동백꽃 연구 이야기를 들었고, 면접 연습 중인 선배의 이야기도 우연히 들었다. 이렇게 주변 사람들로부터 얻은 힌트를 활용해 큰 성과를 냈고, 생물 연구에서 물리 연구로 전환하는 유연함도 갖추었다. 다양한 이해 관계자의 의견을 조율할 줄 알아야 하는 개발 프로젝트 리더라는 업무가 간나에게 딱 맞을지도 모른다.

"생각하는 걸 좋아하니, 세상의 다양한 모습을 알게 되면 더 넓은 시야에서 사고하고 새로운 문제도 찾아낼 수 있을 것 같아요."

동백꽃과 낙엽은 각각의 특징에 따라 떨어지는 방향을 바꾼다. 간나도 지금 자신의 방향을 결정하는 중이다.

세계 최초로 피자 정리를 확장하다

등교를 거부하던 고등학생

2

노자키 마이는 어릴 때부터 수학을 잘했다.

부모님의 권유로 중학교 입학시험을 봐서 제1지망이었던 중고일관교에 들어갔다. 그러나 교우관계로 고민하다가 중학교 2학년 중간부터 학교를 쉬었다.

"괴롭힘을 당한 것도 아닌데 주변 아이들이 왜 다가오지 않는지 걱정이 된 모양이에요. 스스로 애를 쓰며 학교에 갈 때도 있었지만, 중학교 3학년 3학기부터는 아예 학교에 안 갔어요."

'죽고 싶다'고 말하기도 했다. 시간을 흘려보내며 우는소리만 하는 아이를 대하기는 참 어려울 것이다. 만약 내 아이가 그런 상태라면 일단 아이에게 학교부터 가라고 혼낼 텐데, 마이의 어머니는 한 번도 학교에 가라고 강요하지 않았다고 한다.

"요즘 등교 거부를 하는 아이들은 집에서 교복만 입고 나가 어디 다른 곳에서 시간만 때우는 일이 허다할 거예요. 부모님께 들키는 게 싫을 테니까요. 하지만 저는 학교에 가라고 잔소리를 하지 않았으니 아이도 집에 있기 편했겠죠."

아버지와 어머니는 마이가 중학교에 입학할 즈음에 이혼했다. 이후 마이는 두 살 많은 언니와 어머니, 셋이서 살게 됐다. 어머니인 게이코 씨는 이렇게 회상한다.

"헤어진 남편과는 종종 연락을 주고받는데 딸이 아빠한테는 말하지 말라고 단단히 못을 박길래 등교 거부에 대해서는 알리지 않았어요. 큰애도 힘들어했고 아무에게도 고민을 털어놓을 수 없어서 많이 고생했지만, 가장 어려움을 겪었던 건 마이였어요."

게이코 씨는 처음엔 딸이 등교하길 간절히 바랐다.

"입으로는 학교에 가라고 안 했지만, 마이가 등교하면 저도 안심이 됐고 그런 태도를 숨기지 않았으니 마이도 학교에 가길 바라는 제 마음은 알고 있었을 거예요."

요리와 영화 감상에 집중하다

그렇지만 억지로 학교에 가는 거라고 울면서 호소하는 마이의 이야기를 들은 어머니는 생각을 바꿨다.

"학교에 가는 것 자체가 마이를 괴롭게 한다는 사실을 알았어요. 그 이후는 마이가 공격적으로 나와도 말다툼을 벌이지 않고 뭐든 다 받아들이면서 최대한 애정을 보이도록 노력했습니다. 죽고 싶다고도 했는데, 얼마나 마음이 힘든지 알 수 없어서 무서웠지요. '살아 있기만 해도 좋다'는 말을 몇 번이나 했어요."

울적한 마음을 조금이라도 걷어내면 좋겠다는 심정으로 게이코 씨는 마이에게 요리를 권했다.

"아이가 데미글라스 소스까지 직접 만들어 비프스튜도 자주 끓여주었어요. 특히 열심이었던 건 제빵이었지요. 식빵, 크루아상, 롤빵, 데니시롤 등…… 밀가루 종류에도 신경을 많이 썼어요."

게이코 씨의 조언으로 마이는 온라인으로 영화를 감상하기 시작했다. 액션물에서 다큐멘터리까지 장르를 가리지 않고 하루 두 편 정도 꾸준히 봤다.

"저는 등교는 하지 않았지만, 생활이 불규칙해지는 일 없이 빵 만들기나 영화 감상에 집중하며 사람다운 생활을 했던 것 같아요."

마이는 미래를 점차 긍정적으로 생각하게 됐지만, 고통뿐인 학교로 돌아가고 싶지는 않았다. 어머니와 상의해서 재적 중이던 학교에서 일단 퇴학하기로 결심한다. 학원에 다니며 준비해서 다시 고등학교 시험을 봐 합격한 곳이 분쿄학원대학 여자고등학교(이수理數 커리어 코스)였다.

"시험 점수가 좋아도 중학교 때 결석일수가 많아서 고등학교를 고를 때 고생을 많이 했어요. 분쿄 쪽은 여러 배경을 가진 아이들을 받아주어서 참 다행이었지요. 다양성을 중시하는 교풍이어서 해외 유학생도 많아 마음이 편했어요." (마이)

잘하는 과목에서 연구 주제를 정하다

오랜만에 다시 하는 학교생활에 익숙해질 무렵, 마이에게 새로운 목표가 생겼다. 바로 고등학교 2학년 3학기에 예정된

'태국 연수 프로그램'이었다. 마이의 학교와 연계된 태국 고등학교나 대학에서 수업을 받고, 사이언스 페스티벌에서 발표를 하고, 현지 과학관에서 강연을 듣는 등 9일 동안 진행되는 프로그램이다. 이 연수에 참가 자격을 얻으려면, 사이언스 페스티벌 발표를 위한 연구에서 일정한 성과를 내야 했다. 프로그램에 참가하기로 결심한 마이는 잘하는 과목인 수학 주제의 연구를 하기로 했다. 하지만 고등학교 1학년이 갑자기 수학 연구를 할 수는 없었다.

"수학으로 어떤 연구를 해야 좋을지 처음에는 갈피를 못 잡아서 자주 선배한테 조언을 들으러 가곤 했어요. 물리·화학·생물학에서 연구 주제를 잡는 학생은 많았지만 수학을 선택하는 건 1년에 한 명 정도였거든요. 수학 쪽으로 같이 할 친구가 적어서 선배와 친해지게 됐어요."

연구 주제를 정한 건 고등학교 2학년 5월경이었다.

"소재를 찾아 유튜브에서 여러 수학 정리를 소개하는 동영상을 봤는데, 그중에서 '피자 정리'를 만났어요. 이걸 '확장할 수는 없을까?'라는 생각을 하게 됐지요."

피자 정리는 피자와 같은 원판을 잘라 두 명이 나눠 가지는 방법에 관한 정리다.

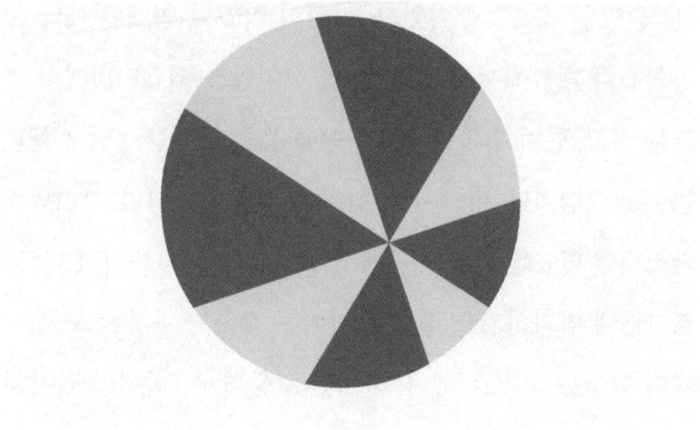

회색 부분과 연회색 부분의 합계는 같아진다.
참고: 노자키 마이, <피자 정리의 정N각형으로의 확장: 내부 2N각형과 외부 대칭성을 이용한 증명>

피자 정리를 쉽게 이해하기 위해, 평범한 피자를 8등분해서 둘이 나누는 방법을 먼저 설명하고자 한다. 우선 중심을 관통하는 직선으로 반씩 나눈다. 다음에 중심을 지나는 최초의 직선에 수직선을 내어 자른다(이 시점에서 4등분이 된다). 그리고 중심을 지나는 최초의 직선에 45도 각도로 직선(오른쪽과 왼쪽으로 45도 각도의 직선 두 개)을 내어 자른다. 이렇게 피자는 8등분이 되어 둘이서 네 조각씩 공평하게 나누어 먹을 수 있게 된다.

그러면 이제 피자 정리를 본격적으로 설명해보겠다. 우선 원판 내부라면 어느 곳이든 좋으니 한 점을 고른다. 그 점을 '나누는 중심'으로 정한다. 나누는 중심을 통과하는 직선을 45도씩 회전시켜서 여덟 개로 나눈다고 하자. 원판의 중심과 나누는 중심이 다르면 한 조각의 크기가 달라지므로, 겉으로 보기에는 두 사람에게 공평하게 나눠줄 수 있을 것 같지 않다. 그런데 피자 정리에 의하면, 한 명이 우선 한 조각을 가져가고 또 한 사람이 그 옆의 한 조각을 가지고 가는 방식으로 순서에 따라 한 조각씩 가져가면 공평하게 나눌 수 있다. 나누는 방식은 여덟 개 이외에도 열두 개, 열여섯 개, 스무 개 등 8 이상의 4의 배수라면 똑같이 성립된다.

아무도 결론을 내지 못했던 증명에 도전하다

피자 정리는 1968년에 도전 문제로 수학 잡지에 등장한 후 여러 증명이 더해져 지금에 이르렀다. 이 피자 정리를 확장한다는 것은 무슨 뜻일까?

"원판이 아니라 정다각형(모든 변의 길이가 같고, 각도도 모두 같은 다각형)의 경우에도 피자의 정리가 성립되는지 증명해보자는 생각을 했어요. 1학년 때 별 모양 정다각형의 공식을 공부했던 게 힌트가 되었지요. 혹시 몰라서 논문 검색 사이트에서 선행연구가 있는지 찾아봤는데, 아직 아무도 결론을 내리지 못한 상태였어요."

만약 그 증명이 성공한다면 그야말로 세계 최초의 성과가 될 것이다. 그러나 마이의 시도는 주변에서 좀처럼 이해를 받지 못했다.

"선생님들로부터 정말 그게 가능하냐는 말을 많이 들었어요. 왜냐면 이전에 수학을 주제로 연구한 사람들은 거의 선배들의 연구를 이어 발전시키는 식이었기 때문이지요. 아예 새로운 주제를 정해 연구하는 게 잘될 것인가 걱정해주셨던 거예요. 하지만 저는 세상에서 그 누구도 하지 않은 일을 해보고 싶었거든요(웃음)."

염려의 목소리를 무시한 채 연구를 시작하긴 했지만 별로 진척이 없었다. 도형을 그려보기도 하고 계산을 해봐도 좀처럼 해결 기미가 보이지 않았다. 힌트를 얻기 위해 논문을 찾아봐도 피자 정리에 대해서는 번역된 자료가 거의 없었다. 아무런 진전 없이 두 달이 지났다.

'피자 정리'의 일인자에게 영어로 메일을 보내다

한 줄기 빛이 비쳤다. 피자 정리에 관한 문헌에 빈번히 등장하는 이름을 발견했기 때문이다. 루이지애나주립대학 슈리브포트 캠퍼스 수학과 교수를 지냈던 릭 메이브리Rick Mabry였다.

"피자 정리에 관한 연구에서는 일인자인 것 같았어요. 홈페이지를 보니 마지막 업데이트가 2005년이어서 연락을 해봤자 소용없지 않을까 했는데……"

그냥 한번 시도나 해보자는 마음으로 메일을 보냈더니 바로 답장이 왔다. '어린 학생이 피자 정리에 관심을 가져줘서 기쁘다'라는 말과 함께 관련 논문까지 첨부해 보내주었다.

"깜짝 놀랐어요. 밤 10시에 메일을 보냈는데 한 시간 뒤에 답이 왔으니까요. 너무 감동해서 학교선생님들께 답장이 왔다며 연락했어요(웃음). 그리고 릭 교수님과 매일 메일을 주고받게 됐지요."

어떤 대화를 나누었을까.

"릭 교수님의 메일에는 매번 피자 정리에 관련된 문제가 들어 있었어요. '다음에는 이 문제에 도전해봐라'라며 내주셨죠. 문제가 너무 어려워서 푸는 데 이틀이 걸린 적도 있었어요."

일본의 고등학생이 대학교수에게 갑자기 메일을 보내 그것도 영어로 가르침을 구하는 건 매우 드문 일이다. 전에도 외국인과 메일을 주고받아본 경험이 있었던 걸까?

"그렇지는 않아요. 영어 공부는 별로 안 좋아했으니까요. 하지만 고등학교에는 원어민 선생님도 많이 계셔서 영어로 대화하는 데 큰 부담은 없었어요. 등교 거부를 하던 시절의 영화 감상도 도움이 됐던 것 같아요. 좋아하는 영화를 몇 번씩 보면서 대사를 외울 정도였거든요. 그래도 영어로 장문의 메일을 쓰는 건 어려운 일이었지요. 솔직히 수학보다 영어 공부를 더 많이 했던 것 같아요(웃음)."

피자 정리의 일인자라는 든든한 지원군을 얻은 마이의 연구가 단번에 전진했느냐면 그렇지도 않았다.

"대학 수준의 지식(적분 등)을 적용하면 간단히 증명할 수 있겠지만, 고등학교 수준의 지식밖에 활용할 수 없어서 고생했어요. 릭 교수님도 '성공할지 모르겠다'라고 하셨고요."

릭 교수와 메일을 주고받기 시작한 건 7월 22일. 한 달이

지나도록 증명 완성의 길은 열리지 않았다. 주변 동급생들이 생물, 화학, 물리학 등 관련 실험을 순조롭게 진행하는 모습이 자꾸만 눈에 들어와 초조했다.

"실험을 하면 어떤 결과라도 나오니까 다들 착실히 앞으로 나아가는 모습이 보였어요. 하지만 수학 증명은 마지막까지 결과를 알 수 없단 말이지요. 수식을 줄줄이 쓰고 있는 사이에는 어디서 일단락이 될지, 증명이 완료되기는 할지 몰라요. 잘될 것 같다가도 걸리는 곳이 있어서 되돌아갈 때도 잦았고요."

유레카!

돌파구가 열린 것은 8월 중순, 여름방학 때였다. 가족끼리 홋카이도의 오타루를 여행하며 전철에 탔다.

"그때까지 계속 막혀서 풀리지 않던 계산이 이렇게 하면 되지 않을까 하고 순간 머릿속에서 번뜩였어요. 전철 안에서 '오오오!' 하고 소리치고 말았어요(웃음). 그후 호텔에서 실제로 계산이 맞는다는 걸 확인해서 바로 스마트폰으로 사진을 찍어 릭 교수님께 메일을 보냈지요. '이러면 어떨까요?'라고 물어보면서요. '그래, 정답인 것 같구나, 잘했다'라는 답장을 받았어요. 그런 걸 보면 기분전환이라는 게 참 중요한 것 같아요. 하나의 방식만 고집하면 잘 안 되는 일이, 관점만 바꾸면 금방 풀리니까요."

오타루에서 깨달음을 얻은 뒤 연구가 빠르게 진척되어 9월까지 증명을 완성할 수 있었다. 정사각형, 정육각형, 정팔각형 등 꼭짓점의 개수가 짝수인 정다각형의 경우일 때, 이 확장판 피자 정리가 성립됨을 증명했던 것이다.

최고 수준의 과학경진대회에서 수상하다

담임선생님의 권유로 마이는 연구 성과를 '제17회 고등학생 과학기술 챌린지'(JSEC 2019, 현재는 고등학교 및 고등 전문학교 학생 과학기술 챌린지)에 응모했다. 이는 일본의 자유연구 경진대회 가운데 최고봉이라고 할 수 있는 대회다.

마이의 〈피자 정리의 정N각형으로의 확장: 내부 2N각형과 외부 대칭성을 이용한 증명〉은 심사위원 장려상을 수상했다.

"처음에는 JSEC가 얼마나 대단한 대회인지 몰랐어요. 그랬다가 예비 심사와 1차 심사를 통과할 때마다 그때까지 대화도 별로 못 해봤던 선생님들도 학교에서 마주치면 힘내라고 응원해주시는 걸 보고 '아아, 이게 엄청난 거였구나' 했죠(웃음)."

어머니인 게이코 씨도 JSEC에 대해서 알지 못했다.

"마이한테서 심사 통과 소식을 듣고 '와아, 축하해'라고 말했지만, 뭐가 대단한 건지 솔직히 잘 몰랐어요. 그게 큰 상임을 알게 된 건 일본과학미래관에서 개최된 최종 심사회(12월 14, 15일) 때였어요. 관중이 엄청나게 많더라고요. 그런데 최종 심사회 마지막 시상식 때 마이가 '엄마는 집에 가'라고 했어요."

마이는 '수상했을 리가 없을 테니 부끄러워서 엄마를 집에 가시게 했다'고 했다. 게이코 씨는 이렇게 말한다.

"집에 가서 인터넷으로 마이의 수상 소식을 알게 됐지요. 노력이 결실을 맺어 우리 딸도 참 다행이고, 저도 기뻤습니다. 수없이 종이에 계산식을 쓰고 도형을 그리다 책상에서 엎드려 자는 줄 알았는데 갑자기 일어나서 계산하는 모습을 자주 봤지요. 의욕이 있을 때 보이는 그 집중력이 굉장했어요. 물론

본인이 의욕이 없을 때는 아예 안 했지만요(웃음). 등교 거부를 경험하고 마이는 정말 단단해진 것 같아요. 그 덕분에 저도 성장했고, 오히려 어려움이 우리 모녀를 키워준 것 같습니다."

JSEC에 이어 12월 21~22일에 개최된 '사이언스캐슬 2019년 간토 지역 대회'에서도 우수 포스터 상을 받는 등 마이의 연구는 높은 평가를 받았다. 릭 교수도 마이의 쾌거를 기뻐했다. 또한 JSEC 심사 때 연구 내용을 소개하는 포스터의 감사 인사에 릭 교수를 언급했더니 심사위원들이 어떤 경위로 그와 연락을 주고받게 됐느냐고 물었다. 자유연구로 해외 연구자의 조언을 직접 듣는 사례는 매우 드문 모양이었다.

태국의 사이언스 페스티벌에 참가하다

이듬해 1월 4일, 마이는 동급생 11명과 함께 태국으로 여행을 떠났다. 고등학교 입학 이후 목표로 삼았던 '태국 연수 프로그램'에 단장으로 참가하게 된 것이다. 제휴를 맺은 태국 학교에서 개최된 사이언스 페스티벌에서 마이는 '확장판 피자 정리'를 발표했다.

"발표 시간이 겨우 6분이어서 설명할 시간을 줄이는 게 힘들었어요. 태국에 가기 전에 학교에서 동급생들이나 선생님들 앞에서 일본어로 발표 연습을 했을 때는 다들 멍한 표정만 짓더라고요. 너무 수학적 용어만 넣어서 이야기해도 소용없다는 걸 깨닫고, 연구를 어떻게 진행했는지, 어떤 타이밍에서 결론을 냈는지를 중심으로 발표용 영어 대본을 준비했어요. 그런데 실제 발표에서는 제가 말하기 시작한 지 5초 만에 바로 질문이 날아오더라고요(웃음). 태국 학생들이 너무 적극적이어서 압도당할 정도였습니다. 발표 외에도 이야기할 시간이 있는데, 엄청나게 질문이 쏟아져요. 거기에 다 답하지 못해서 좀 부끄럽기도 했어요. 일본으로 돌아가 더 노력해야겠다는 동기 부여가 됐습니다."

대학에서 배우고 싶은 것은 경제학

대학에서도 당연히 수학 관련 전공을 할 줄 알았는데, 마이는 그렇게 하지 않겠다고 한다.

"경제학이나 무역학을 배울 생각이에요. 아버지가 상사

에서 일하셨는데, 해외를 거점으로 영어만이 아니라 다른 언어까지 구사하면서 일하는 모습을 무척 동경했어요. 저도 그런 일을 하는 게 꿈입니다."

JSEC나 다른 경진대회에서 낸 성적을 제출하면 이과계 학부에 추천 입학 등으로 유리하게 작용할 수 있었을 것이다. 그러나 마이는 일부러 그런 강점을 살리지 않고 일반 입시로 도전하겠다고 한다.

"등교 거부 덕분에 제가 뭘 하고 싶은지 다시금 생각하게 됐어요. JSEC에서 좋은 성적을 남기면 아마 대체로 추천 입학을 고려하겠지만, 컨베이어벨트에 탄 채로 나아가는 건 싫어요. '나는 사실 경제학을 공부하고 싶었던 거구나' 깨닫기도 했고요. 엄마 아빠도 제가 하고 싶은 일을 응원해주셔서 감사하고 있어요."

아무리 명문 중고등학교 혹은 대학교에 다녀도 해외 연구자에게 직접 메일을 보내 영어로 대화하는 능력은 좀처럼 갖추기 어려울 것이다. 등교 거부 중에 영화 감상에 빠져서 영어 대사를 읽는 등으로 실전 영어를 익힌 거라면, 마이는 학교에 가지 않아서 손해를 본 게 아니라 오히려 일본식 영어 교육의 약점을 스스로 보강했다고 볼 수 있을 것이다. 물론

그건 가시밭길임이 분명했으나, 믿고 도와주면 아이는 어려움을 딛고 상상 이상의 성장을 이룩한다.

릭 메이브리 교수와의 메일 인터뷰

Q 2019년 여름, 마이가 여행지에서 보낸 메일에서 막혔던 부분을 해결할 수 있는 계산 결과를 보냈을 때 심정이 어떠셨나요?

A 물론 기뻤습니다. 이제 남은 연구도 순조롭게 진행될 것 같다는 생각이 들었지요. 마이는 증명 중에 가장 어려운 부분을 해결했습니다. 저도 안심했고, 마이를 무척 자랑스럽게 여기고 있습니다.

Q 앞으로 마이에게 기대하는 점이 있나요?

A 마이가 앞으로 어떻게 될지는 그 누구도 알 수 없지요! 일본 학생은 대학에 입학할 때 그 후의 코스를 전부 정해두나요? 저는 생물학에서 화학으로, 물리로, 또 수학으로 진

로를 변경했습니다. (아주 자연스러운 일이었죠!) 각 분야에서 많은 자극을 받았습니다. 대학에서는 풍부한 재능을 가진 대단한 사람이나 아이디어를 종종 만날 수 있습니다. 우연히 혹은 갑작스러운 사건으로 인생이 크게 바뀌는 일도 드물지 않지요. 제가 바라는 건 마이가 진정으로 하고 싶은 일을 찾는 겁니다. 무엇을 선택하든 마이는 성공할 거예요.

증조할아버지가 신문을 읽도록 해드리고 싶다

프로그래밍에 빠진 고등학생

3

NEWS

고등학교 1학년생인 오쓰카 레이는 넷플릭스의 열성적인 이용자이며, 5천 편 이상의 작품들 가운데서 절반 가까이 챙겨본다고 한다. 영화, 드라마, 애니메이션 등 장르를 가리지 않고 관심이 가는 것은 모두 체크한다. 시리즈물은 우선 1화만 배속으로 돌려 빨리 시청하고, 다음 이야기를 볼 것인지 결정한다. 이는 중학교 입학 이후 생긴 취미다.

요즘 넷플릭스에 빠지지 않은 고등학생은 별로 없을 테지만 레이가 영상 콘텐츠를 보는 시각은 좀 다르다.

"다른 사람에게 제 아이디어를 설명하는 재료로 영화 장면은 매우 편리해요. 특히 개발 프로젝트 팀에서 일부 기능을 설명해야 할 때, 현실에는 아직 존재하지 않는 기술이 어느 작품 내에서는 구체화되어 있으니까 'OO 영화 장면에서 나오는 기술'이라고 하면 상대방에게 이미지를 제공하기 쉽지요. 개발의 힌트도 되니 영화를 많이 보는 건 정말 큰 도움이 돼요."

레이는 영상 콘텐츠를 단순히 즐기기만 하는 게 아니라 작품에 등장한 기술이나 그와 비슷한 기술을 현실에서 어떻게 실현할 수 있을지를 보는 것이다. 왜일까? 앞서 그가 답변했듯, 레이는 고등학생이면서 엔지니어로도 활동하고 있기 때문이다.

"저는 이용자가 서비스를 통해 얻을 수 있는 체험(UX, user experience)과 이용자가 시스템과 정보를 주고받는 접점(UI, user interface)에 관심이 많아요."

AI 영어회화 앱을 개발하다

레이는 지금까지 앱과 서비스를 여러 개 개발했다. 2021년 5월에는 친구들과 함께 개발한 AI 영어회화 앱 'AIbou'를 앱스토어에 출시했다. 텍스트나 음성으로 영문을 입력하면 AI가 영문으로 답해주는 채팅 형식의 iOS 애플리케이션이다.

일상 대화, 티켓 예약, 취업 면접, 병원 예약 등 다양한 상황이 탑재되어 있어서 AI와 메시지를 주고받으면서 영어회화 연습을 할 수 있다. 애플리케이션 이름은 영어회화 실력 상승을 도와주는 '짝꿍'(짝꿍은 일본어로 '아이보相棒'이며, 앱의 이름과 같다—옮긴이)인 AI라는 의미를 갖고 있다.

레이는 초등학교 5학년 때 프로그래밍 교실인 테크키즈스쿨Tech Kids School(본부는 시부야에 있음)에 들어가 프로그래밍 언어와 앱 개발의 기초지식을 배웠다. 초등학교에서 나눠준 전단을 본 것이 계기가 됐다. 새로 생긴 학습교실 이벤트에 참가자를 모집하는 내용이었다.

당시는 프로그래밍이 뭔지 전혀 몰랐다. 초등학교 3학년 때부터 촬영한 사진 데이터를 정리하고 편집하기 위해 컴퓨터 사용법을 익히고 싶었던 레이는 부모님께 프로그래밍을 해보고 싶다고 말했다.

"초등학교 3학년 때 6학년이 될 때까지 생일 선물도, 크리스마스 선물도 안 받겠다는 약속을 하고 부모님께 일안 리플렉스 디지털카메라(렌즈가 한 개 달린 형태로, 촬영 렌즈가 파인더 렌즈를 겸하는 카메라—옮긴이)를 사달라고 부탁드렸어요. 그리고 사진 촬영에 푹 빠져들었지요. 카메라용 SD카드가 사진 데이터로 가득 찰 때마다 집에 있는 컴퓨터에 저장했는데, 그 작업이 힘들었지만 사진 편집에도 관심이 많았어요."

프로그래밍의 매력에 사로잡히다

가벼운 마음으로 프로그래밍 교실에 들어간 레이는 순식간에 프로그래밍의 매력에 푹 빠져들었다. 이벤트 참가 후에도 한 달에 두 번 받는 수업만으로는 부족하다며 한 달에 네 번, 일주일에 두 번까지 점점 횟수를 늘린 덕분에 다른 아이들이 5년에 끝내는 커리큘럼을 겨우 1년 만에 모두 마쳤다.

맨 처음으로 만든 건 사진을 랜덤으로 표시해주는 앱이었다. 난수亂數를 발생하는 함수를 사용한 애플리케이션이었다. 어린이용 프로그래밍 언어에는 '스크래치Scratch'처럼 '오른쪽으로 ○번 나아간다' '△번 점프한다' 같은 블록을 조합하여 게임이나 애니메이션을 만드는 등 비주얼적 요소가 강한 것도 있다. 레이도 한때 그런 것을 접했다가 금방 그만두었다. 프로그래밍 언어를 사용하여 직접 소스 코드를 쓰는 '코딩'이 더 자유도가 높게 여겨졌기 때문이다.

레이는 왜 그렇게 프로그래밍에 빠져들었던 걸까?

"어릴 때부터 방을 공작을 위한 작업실로 개조해서 두꺼운 종이나 폐자재, 나무판 등 여러 가지를 이용해 만들었어요. 조형학원에도 다녔는데 공작이나 그림은 같은 재료를 사용해 같은 방식으로 만들고 그려도 완벽히 습득하지 않으면 똑같은 걸 만들기 어려운데다가 재료에 따라 질감도 달라져요. 그런데 프로그래밍은 코드가 똑같으면 동일한 애플리케이션을 만들어낼 수 있지요. 컴퓨터만 있으면 다른 재료가 없어도, 제로 상태에서 갑자기 같은 퀄리티의 것을 몇 개나 만들 수 있어요. 그게 참 재미있었지요."

디지털 시대이기에 가능한 창조적 세계의 매력을 레이는 초등학교 시절부터 알아차린 것이다. 테크키즈스쿨을 마친 뒤에는 '라이프 이즈 테크Life is Tech'라는 중고생을 위한 프로그래밍 교실에 다니려고 했지만 중학교 입시 준비가 코앞이었다. 레이의 어머니가 그때 사정을 이렇게 말한다.

"다니던 초등학교는 동급생들 대다수가 중학교 입시 준비를 해서, 레이도 입학시험 준비를 하기로 결심했어요. 저나 아이 아빠 모두 공립고등학교 출신이어서 굳이 사립중학교 입학까지는 생각하지 않았지요. 다만 기왕 입시 준비를 하는 거면 아이가 자신의 실력을 잘 살릴 수 있는 학교로 가길 바랐어요. 노력했는데도 합격하지 못한다면 공립에서 더 열심히 노력해도 되고요. 레이가 프로그래밍 교실의 수업 횟수를 늘리고 싶다고 했을 때도, 스스로 인생을 설계해 공부도 해야 한다는 조건을 달았습니다."

경진대회에 나가다

그런데 일이 생각대로 흘러가지는 않았다. 레이가 어느 경진대회를 발견했기 때문이다.

"테크키즈스쿨을 그만두는 날, 이런 것도 있다면서 초등학생도 참가할 수 있는 경진대회 전단을 여러 장 받았어요. 그중에 '미답주니어未踏ジュニア'의 전단도 있었지요."

미답주니어란 '독창적 아이디어, 탁월한 능력을 갖춘 17세 이하의 초·중·고교생 및 고등 전문학교 학생을 지원하는 프로그램'이다. 여기에 채택되면 각 분야에서 활약하는 엔지니어 및 전문가의 지도와 50만 엔 이하의 개발 자금을 지원받아 새로운 소프트웨어나 하드웨어를 개발할 수 있다. 마찬가지로 '미답'이라는 말이 붙은 사업으로 유명한 '미답 IT 인재 개발·육성 사업'은 25세 이하 젊은이들을 지원하는 프로그램이다.

레이는 입시 공부도 열심히 하겠다고 약속하며 여기에 응모했다. 신청서에는 자신이 개발하고 싶은 것에 관한 독창적인 아이디어를 적어야 했다. 레이는 두려움 없이 자신의 프로그래밍 지식을 살려 무엇을 만들 것인지 고민했다.

증조할아버지를 위한 앱을 만들고 싶다

얼마 지나지 않아 레이의 머릿속에 도카이 지방에 사시는 증조할아버지의 얼굴이 떠올랐다. 레이는 함께 장기도 두는 증조할아버지를 무척이나 좋아했다. 증조할아버지 덕분에 장기에 재미를 붙여 한때는 장기회관에도 다녔다.

증조할아버지는 노안으로 인한 시력 저하로 좋아하는 신문을 마음껏 읽지 못해 고민이었다. 백내장을 앓고 있었으나 92세라는 고령 때문에 수술 등 적극적인 치료를 받을 수 없었다. 그래서 증조할아버지는 백내장용 돋보기안경 위에 안경 모양의 확대경을 걸쳐놓고, 거기에 또 돋보기를 써서 어떻게든 신문을 읽으려 애썼다.

스마트폰 앱으로라면 글자를 확대해서 읽을 수 있지 않을까 싶어 시도해보았지만, 설정 가능한 한계까지 확대해도 증조할아버지에게는 맞지 않았다. 글씨가 작아 읽기 어려운 데다가 너무 확대하면 몇 인치밖에 안 되는 화면에 들어갈 글자 양이 줄어서 어느 줄의 문장을 읽고 있는지 알 수 없다는 결점도 있었다.

힘들어하시는 증조할아버지를 첨단기술의 힘으로 도와드릴 수 없을까? 레이의 아이디어는 여기서 시작됐다. 스마트폰보다 화면이 큰 아이패드 등 태블릿 단말기를 쓴다면 얼마큼 글자를 확대해야 하는가, 오독을 막기 위해서는 어떤 폰트를 사용하는 게 좋은가 검토하여 '미답주니어'에 응모했다.

그런데 채택 여부가 정해지기 일주일 전 증조할아버지가 타계했다. 안타깝게도 레이의 정성이 증조할아버지에게 닿지는 못했지만 미답주니어 신청을 무르지는 않았다. 문장을 읽고 싶어도 노안으로 인해 글을 못 읽는 사람들은 증조할아버지 말고도 얼마든지 있었다. 증조할머니와 할머니가 모두 레이가 개발하는 앱의 테스터 역할을 맡아주었다.

프로젝트 진행법을 배우다

2017년 6월, 레이의 아이디어가 드디어 채택됐다. 와세다대 대학원생이자 이미 미답 사업 분야에서 큰 성과를 올려 미답 슈퍼 크리에이터(2013년)로 인정받은 스즈키 료 씨가 지도를 맡아 개발 관련 노하우를 레이에게 전수해주었다.

"스즈키 선생님 덕분에 프로그램 개발 단계에서 다른 사람의 피드백을 받아가며 개선해나가는 프로젝트 진행법을 배울 수 있었습니다. 증조할아버지는 종이 신문 대신 화면 사이즈가 한정된 전자단말기로 글을 읽으실 때, 문장의 어느 부분을 읽는지 알 수 없어서 읽기에 어려움을 겪으셨어요. 저는 그 문제를 해결하고 싶어서, 토비Tobii라는 아이트래킹 장치(시선을 따라 사람이 어디를 보는지 포착하는 장치)를 사용하여 사용자가 읽는 문장에 하이라이트 표시를 하는 기능도 추가하기로 했습니다."

같은 해 10월 레이의 아이디어가 '라쿠라쿠 요미요미らくらく読み読み'라는 앱으로 만들어졌다. 이 앱이 높은 평가를 받아 레이는 전년도에 시작한 미답주니어 사업에서 당시 최연소인 12세의 나이로 '미답주니어 슈퍼 크리에이터'가 되었다.

또한 중고일관교인 시부야교육학원의 시부야중학교에도 합격했다.

미답주니어에 도전하여 성과를 낸 덕분에 레이는 다음 기회까지 잡았다. 2018년 손정의육영재단 2기생으로 선발된 것이다. 이 재단은 '높은 뜻과 특별한 능력을 가진 젊은이들에게 자기 재능을 꽃피울 수 있는 환경을 제공하고 인류의 미래에 공헌한다'라는 목적에 따라 2016년 12월에 설립됐다. 창립자이자 대표이사는 재단명에 따라 손정의 소프트뱅크그룹 대표가 맡았고, 부대표이사는 야마나카 신야 교토대학 iPS세포연구소 명예소장이 맡았다. 재단 학생으로 선발되면 새로운 가치관이나 첨단기술을 접할 수 있고, 최고의 뜻을 가진 동료들과 교류할 기회를 얻을 수 있는데다가 꿈을 실현하는 데 필요한 자금도 지원받는다.

인간관계가 확장되다

"미답주니어에 참가하여 손정의육영재단의 재단생으로 선발되어 좋았던 것은 과학기술에 관심을 가진 사람들을 많이 알게 됐다는 점이에요."

재단생으로 선발되면 재단이 주최하는 강연회에 참가하거나 시부야에 있는 교류 공간을 이용할 수 있다. 정기적으로 열리는 이벤트에서 재단생들은 각자 관심 있는 연구개발 주제에 대해 프레젠테이션을 해서 각 분야 전문가의 조언을 듣거나, 다른 재단생들이 참여하고 싶다며 모이면 그 자리에서 팀을 꾸릴 수도 있다.

"미답주니어에서나 손정의육영재단에서는 같은 소프트웨어라도 보안에 관심이 있는 사람이나 저와 다른 프로그래밍 언어를 쓰는 사람, 로봇 등의 하드웨어 개발에 관심이 있는 사람 등 지금껏 접하지 못한 여러 분야의 사람들을 만날 수 있었어요. 알고 지내던 이들이 또 다른 지인을 소개해주기도 해서 인간관계가 점점 넓어졌지요. 다들 시간 낭비를 전혀 안 한다고나 할까요? 자기가 하고 싶은 일에 전력으로 파고드는 모습에 저도 자극을 받았습니다."

친구들과 만든 내비게이션 앱

손정의육영재단 안팎에서 만난 동료와 레이의 기획으로 이미 여러 프로젝트를 개발했다. 그중 하나가 시부야스크램블 스퀘어 주식회사가 운영하는 시부야큐즈QWS의 'QWS 챌린지'로부터 지원 받아 2019년부터 개발을 진행해온 AR 애플리케이션 '크리에이스Creace'이다.

AR은 '포켓몬고'와 같은 게임으로 유명해진 기술인데, 쉽게 설명하자면 AR이란 Augmented Reality의 약자로, 흔히 '증강현실'이라고 불린다. 스마트폰이나 태블릿 등의 카메라로 현실세계를 화면에 표시하고 그곳에 컴퓨터그래픽CG으로 된 오브젝트를 겹쳐 표현하는 기술이다. 위치정보를 사용하면 CG 오브젝트(예를 들어, 포켓몬 몬스터)가 건물 앞이나 공원 벤치에 나타나 돌아다니는 등 그곳에 존재하는 듯 보이도록 할 수 있다.

크리에이스는 일단 안내판과 같은 앱이라고 보면 된다. 평범한 안내판은 현실세계에 물리적으로 배치되어 있지만, 크리에이스에서는 3D 오브젝트로 표시된다. 이 3D 오브젝트 안내판은 위치정보와 연동돼 그 장소 근처에서 스마트폰이나 태블릿을 실제로 갖다대야만 그 주변에 어떤 점포나 시설이 있는지 정보에 접속할 수 있다. 불편하게 느껴질 수도 있겠지만, 어떤 장소를 찾아갔을 때 그 주변 정보를 바로 알 수 있다는 점에서 보자면 매우 편리하다. 미리 지역이나 가게 이름, 유명한 장소 등을 조사할 수고를 덜 수 있기 때문이다. 미리 정보를 알아두면 그만큼 효율적으로 행동할 수 있지만 그렇게만 돌아다녀서는 재미가 없다. 크리에이스는 한때 무작정 거리로 나와서 탐색부터 해야 했던 방식의 즐거움을 '버전 업' 해주는 도구이다.

또다른 특징은 크리에이스 상에서는 이용자가 마음대로 3D 오브젝트를 배치할 수 있는 점이다. 현실세계에서는 내 마음대로 뭘 놔둘 수 없지만, 증강현실 속에서는 뭘 설치하든 내 마음대로다.

"어느 성터 등에 갔을 때, 현실에 없는 성의 3D 데이터를 증강현실 내부에 두고 카메라를 통해 볼 수도 있고 가공의 오브젝트를 둘 수도 있어요. 증강현실 플랫폼인 거지요."

코로나 사태 2개월 만에 출시한 서비스

2020년 여름에는 손정의육영재단 동료들과 '노랙Nolack'이라는 웹 서비스를 출시했다. 신종 코로나바이러스 감염이 세계 곳곳과 일본에 확산되어서 일부 지역에서는 마스크나 방호복이 부족해지는 사태가 발생했다. 한편 감염에 대한 불안감이 그다지 크지 않은 지역에서는 의료용품이나 위생용품이 남아돌았다. 그 불균형을 해소하기 위해 레이와 동료들은 서로 아이디어를 내놓으며 2020년 2월에 팀을 결성하여 노랙(No lack, '재고 있음'이라는 뜻)을 개발했다. 이는 어느 물자의 재고를 파악하고 있는 쪽과 물자가 부족해서 어려움을 겪는 쪽을 웹사이트를 통해 이어주는 매칭 플랫폼이다.

"당시 자금력이 있는 사람들이 마스크 등을 전국 각지에 보내는 활동을 했는데, 정말로 필요한 장소가 아니라 이미 충분히 물건이 비축된 곳으로 가게 된 사례가 여럿이었습니다. 필요한 물자를 필요한 곳에 알맞게 제공할 수 있는 서비스를 목표로 했지요." 다른 기관이 같은 서비스를 시작하고 필요 물자의 생산체제가 강화되어 노랙의 이용자가 기대만큼 늘지는 않았다. 그러나 단기간에 서비스를 출시하는 데까지 성공한 레이를 비롯한 10~20대 젊은이들의 행동력이 놀라울 따름이다.

"코로나 이전부터 멀리 떨어져 사는 사람과 팀을 짜서 프로젝트를 진행할 때 줌Zoom 등 온라인 회의 시스템을 이용

했기 때문에 팬데믹에 의한 제한 속에서도 신속하게 개발을 진행할 수 있었어요."

레이는 코로나 사태 이전부터 온라인으로 활동할 기회가 많았다. 그래서 직접 만나는 경우와 디지털 도구를 통해 소통하는 경우의 장단점에 대해 깊이 생각해보았다.

"누군가에게 프로그램 코드에 대해 설명할 때, 물리적으로 가까이 있으면 화면을 가리키면서 이야기하거나 키보드를 빌려 제가 입력하는 식으로 실연할 수가 있어요. 온라인으로 원격 통신을 하는 경우에는 이와 비슷하게 할 수는 있지만 시간이 걸리지요. 그런 면에서 실제로 만나는 것의 장점이 분명 있습니다. 실제 만나서 나누는 정보량이 압도적으로 더 많지요. 하지만 현실과 온라인상 의사소통 사이에 본질적인 차이는 없다고 생각합니다. 저도 온라인으로 소통하는 데 익숙해서 줌 미팅이나 온라인 수업이 활성화되어도 당황하는 일이 없었거든요."

흔히 팬데믹 이후 온라인 활동이 늘었고 대면 활동보다 한계가 많다고들 한다. 한편 온라인이기에 가능한 일도 분명 증가하고 있다. 레이는 이를 위한 기술도 개발하고 싶다고 한다. 레이의 첫 번째 취재 때는 시부야의 카페에서 실제로 만났지만, 두 번째에는 영국 유학 중인 레이와 줌을 통해 만났다. 온라인 회의 시스템이 없었으면 아마 두 번째 취재는 어려웠을 것이다.

세계에서 통하는 것을 만들기 위해

부모님은 레이에게 어릴 때부터 해외를 목표로 하라고 늘 말씀하셨다.

"아이에게 어릴 때부터 자기가 좋아하는 일로 사회와 사람들에게 기여할 수 있으면 다소 돈이 없거나 역경에 빠지게 되더라도 죽을 때 만족스럽게 세상을 떠날 수 있다는 이야기를 자주 했어요. 그러니 해외 쪽으로 시야를 돌려야 한다고 했지요." (어머니)

레이의 세 살 위 형도 오보에를 배우기 위해 해외로 유학을 떠난 적이 있다. 부모님은 아이가 좋아하는 일을 응원해 실력을 키워주려는 교육 방침을 갖고 있다.

레이는 프로그래밍 지식을 키우고 세계 곳곳의 사람들과 이어지려면 영어를 더 열심히 공부해야겠다는 마음이 강해졌다고 한다.

"프로그래밍에 관한 최신 정보는 거의 영어로만 적혀 있어요. 프로그램을 쓰면서 에러가 생길 때도 그 에러 문구가 아예 영어로 표시되기도 하고, 에러에 관한 검색 결과도 영어로 된 게 압도적으로 많으니까요. 프로그래밍 이외의 분야도 마찬가지고요. 세계에서 통용되는 것을 만들려면 어학 분야를 갈고닦고 외국의 문화를 익히는 게 필수불가결하다고 느꼈어요."

중학교 1학년 여름에는 미국 스탠퍼드대학에서 개최된 IT 여름캠프에 참가하여 애플, 구글, 페이스북(현재는 메타) 등 인근에 있는 실리콘밸리 기업을 둘러봤다. 12월에는 중국의 실리콘밸리라고 불리는 선전에서 텐센트 등의 IT 기업을 방문했다. 중학교 2학년 여름에 영국에 단기 유학을 갔다가, 2021년 중학교 3학년 9월부터 영국 장기 유학에 돌입했다.

레이는 앞으로도 과학기술로 사람들에게 도움이 되는 것을 만들고 싶다.

"의료 분야에서 과학기술을 활용하여 문제를 해결하는 일을 하고 싶어요."

노안으로 고생하시던 증조할아버지가 좋아하는 신문을

마음껏 읽도록 해드릴 애플리케이션을 만들고 싶다는 마음에서 시작한 레이의 도전은 앞으로도 계속된다.

버려지는 톱밥으로 신소재를 만들 수 있을까?

여섯 명의 고등학생

4

'톱밥을 활용한 새로운 내화성耐火性 및 단열성 소재 개발'이라는 제목을 보고 의문이 들었다. 내화성을 가진다 함은즉 잘 타지 않는 성질이 있다는 뜻이다. 그런데 톱밥이라니, 말도 안 되는 소리 같았다.

이 기묘한 소재를 만들어낸 이들은 오카야마현립 이치노미야고등학교 학생 여섯 명이다. 그들은 이것을 '2020년도 슈퍼사이언스하이스쿨(SSH) 학생연구발표회'에서 발표하여, 전국 2위에 해당하는 국립연구개발법인 과학기술진흥기구 이사장상을 수상했다.

연구 개요에 의하면, 이 소재로 코팅한 접시(발열 접시) 위에 날달걀을 얹고 그 아래에서 가스버너로 열을 가해도 소재가 불에 타지 않으며 날달걀이 그 상태로 완전히 익기까지 약

40분이 소요된다(아무 코팅도 하지 않은 접시를 버너 위에 올려 열을 가한 경우 5분 만에 달걀이 고형화한다). 정말로 내화성과 단열성이 뛰어났다.

잘 탈 것 같은 톱밥을 타지 않도록 했다는 기발함과 그 신소재가 환경보호에 얼마나 도움이 되는지 검증했다는 점에 마음이 끌렸다. 여섯 명으로 이루어진 팀에서 역할 분담이 어떻게 이루어지는지도 궁금했다.

비밀의 신소재에 주목하다

연구팀의 리더를 맡은 이는 현재 규슈공업대학 1학년생인 요시다 나오키 군이었다. 나오키는 '신소재 스타라이트의 비밀을 무덤까지 가지고 간 남자, 모리스 워드'라는 기사를 읽고 단열성 소재에 관심을 갖게 됐다.

"스타라이트Starlite는 모리스 워드라는 영국의 아마추어 화학자가 1990년에 발표한 물질이에요. 섭씨 1만 도의 고열에도 버티고 가벼우면서 단단한 데다 가공하기도 쉬운 소재라, 우주선이나 항공기에 활용할 것을 기대하고 미국항공우주국NASA이나 대기업에서 협력하자며 그에게 집요하게 요청했다고 해요. 그런데 돈 문제에 질려서였는지 워드는 스타라이트 제조법을 아무에게도 알려주지 않고 2011년에 세상을 떠났어요."

소문에 의하면, 워드는 가족에게만 제조법을 전수했고 가족들 역시 단단히 함구하고 있어서 '오리지널 스타라이트'의 비밀은 여전히 밝혀지지 않았다고 한다.

나오키의 팀은 반드시 스타라이트를 만들어내겠다는 의욕으로 충만했다. 미국의 발명가 벤이 운영하는 유튜브 채널 '나이트 호크 인 라이트Night Hawk In Light'에 올라오는 스타라이트 관련 동영상을 힌트로 삼았다. 예를 들어 '주방에서 만들 수 있는 슈퍼 소재, 스타라이트 1편'(Super-Material That Can Be Made in The Kitchen, Starlite Part 1)이라는 제목의 동영상에서 벤은 여느 가정의 주방에 있을 법한 소재로 스타라이트와 비슷한 성질을 가진 물질을 만들려고 했다. 페이스트 상태로 짓이긴 소재를 날달걀에 발라 가스버너로 열을 가하는 모습을 보여주었는데, 달걀은 날것 그대로였다. 그 소재는 바로 옥수수 녹말, 베이킹파우더, 미국 학교 등에서 흔히 사용하는 흰 풀이었다. 벤은 이 동영상에서 '오리지널 스타라이트 제조법과 비슷한지는 알 수 없지만, 상당히 희망적으로 보인다'라고 말했다.

나오키의 팀은 우선 벤이 제시한 레시피를 시험해봤다.

"유튜브에 소개된 대로 재료를 가지고 실험해도 재현할 수는 없었어요. 미국에서 같은 종류의 풀까지 공수해 와서 몇 번이나 시도해봤는데 뜨거워지더군요. 우리가 쓴 방법이 잘못된 건지, 아니면 동영상에서 공개하지 않은 비밀 재료가 있는지는 알 수 없었지만, 저온 가스버너를 사용했을지도 모른다는 생각이 들었어요."

유튜브에는 '이런 실험을 해보았다'라는 동영상이 항상 넘쳐난다. 그저 감탄만 하며 지켜봤지만, 의외로 제대로 진행하지 않은 실험도 많은 듯하다.

폐기물로 신소재를 만드는 꿈

"스타라이트를 만들고 싶었지만 화학회사나 건축회사 등이 엄청난 자금을 투입해도 개발에 성공하지 못한 것을 고등학생들이 애써서 만드는 건 무리라는 결론을 내렸어요. 그러다 기왕 단열재를 만들 거면 폐기물을 재활용하자는 생각에 이르게 됐지요."

폐기물을 재활용하면 환경 문제 해결에도 공헌할 수 있다. 새로운 소재에 부가가치가 생긴다면 과학경진대회 등에서 '상을 탈 수 있다'는 계산도 있었다. 그러나 원재료가 될 만한 폐기물을 좀처럼 찾을 수 없었다.

"여러 가지를 시험했어요. 접착제도 태워봤는데 누가 봐도 몸에 안 좋을 것 같은 냄새가 나서 바로 아니라는 것을 알았습니다."

다른 학생들도 함께 이용하는 과학실에서 종종 독한 냄새를 풍기느라 눈치를 보면서도 괜찮은 폐기물을 찾는 사이, 팀원들은 미세플라스틱 문제에 대해 알게 됐다. 미세플라스틱이란 치약에 함유되는 미세한 구슬이나 휙휙 버리기 쉬운 비닐봉지, 페트병 등이 열화되어 자잘하게 쪼개진 파편을 뜻한다. 강을 타고 바다로 흘러나가 먹이사슬을 통해 해양 생물은 물론 인간의 건강에도 해를 끼친다고 문제시되는 물질이다.

버려지는 톱밥을 사용하다

"미세플라스틱은 주로 부서진 발포 스티로폼에서 나와요. 그렇다면 발포 스티로폼을 대체할 만한 재료이면서 사용 후에는 바로 흙으로 돌아갈 수 있는 생분해성 물질이 좋지 않을까 하는 생각에 톱밥을 선택하게 됐지요."

인근 목재소나 홈센터(목공, 원예, 자동차 수리 등 광범위한 분야의 생활용품을 판매하는 종합 점포—옮긴이) 등에 요청하자 무료로 톱밥을 얻을 수 있었다. 나무를 톱 등으로 잘라 목재나 판재로 가공하는 목재소나 홈센터에서는 늘 대량의 톱밥이 생긴다. 그 일부는 푹신한 포장재나 가축 및 반려동물을 위한 깔개, 역 플랫폼에서 토사물을 처리하기 위한 흡수제로 재사용되지만, 거의 소각되는 상황이다. 산업 폐기물이어서 소각할 때도 처리 비용이 든다. 공짜로 톱밥을 가져가준다면 사업자로서 이보다 기쁜 일도 없을 것이다.

드디어 원재료는 확보했으나 톱밥을 그대로 쓰자니 용도에 제한이 많았다. 가능하면 대량으로 사용할 수 있는 컵이나 접시 등의 식기, 혹은 건축자재 등으로 용도를 넓히고 싶었다. 그러려면 이 새로운 톱밥 소재에 열기가 잘 전달되지 않는 성질(단열성)이 필요했다. 어떻게 하면 톱밥으로 단열성을 높일 수 있을까.

문헌을 조사해보니, 같은 목재라도 코르크나 발사나무가

티크나 노송나무보다 열을 덜 전달한다는 사실을 알게 됐다. 열이 잘 전달되는가 그렇지 않은가(열전도율)는 대부분 고체 밀도로 결정된다. 열의 정체는 원자 운동이다. 밀도가 높으면 높을수록, 다시 말해 고체를 구성하는 원자 간의 거리가 가까울수록, 한 원자의 운동이 옆의 원자를 움직이게 하고 또 그 옆의 원자를 움직이게 하는 식으로 마치 도미노처럼 열이 전체로 퍼지기 쉽다. 반대로 밀도가 낮고 고체가 텅 비어 있으면 열이 전달되기 어렵다.

그래서 밀도를 낮추기 위해 쿠키나 팬케이크에 쓰는 중탄산소다를, 점착성을 주기 위해 풀을 넣어서 파테(점토처럼 변형하기 좋은 페이스트 형태의 재료)를 만들었다.

잘 탈 줄 알았는데!

시험 삼아 열을 가해보니, 파테는 발화하지 않았다. 불타버릴 줄만 알았던 톱밥이 전혀 타지 않았던 것이다.

"톱밥은 입자가 크고 공기를 머금고 있어서 원래부터 단열성은 높았어요. 다만 그대로 쓰면 불타기 쉽지요. 그런데 중탄산소다와 풀을 넣어 만든 파테는 쉽게 타지 않았어요."

오카야마현립 이치노미야고등학교는 2002년에 문부과학성의 슈퍼사이언스하이스쿨SSH로 지정되었고, 재지정을 거듭해 현재 4기(2023년까지)를 맞이하고 있다. 앞서 언급한 것처럼 SSH에는 '과제 연구'라는 커리큘럼이 있어서 학생들은 교사의 조언을 받으며 스스로 연구 주제를 정하고 실험 방법을 고민하며 결과를 정리해야 한다. 톱밥 신소재 관련 연구도 이 과제 연구 시간에 행한 것이다.

팀을 이루다

나오키의 팀은 여섯 명으로 이루어져 있었다. 그중에서 미노히토시와 우시로다 도모야는 이전부터 나오키와 아는 사이였다. 히토시는 이렇게 말한다.

"1학년 때부터 나오키가 재미있는 실험을 하는 모습을 자주 봤어요. 주변에 있는 것을 섞으면 어떻게 될까 하는 순간적인 아이디어를 활용한 실험이었지요. 특별히 단열재 연구를 하고 싶었던 게 아니라, 나오키와 함께 이런 일을 해보고 싶었어요."

그 외에 팀원인 가미가와 모모나, 야마시타 유메, 미야자키 아야는 나오키 및 두 남학생과 관심 분야가 비슷하다고 판단한 교사에 의해 같은 팀이 됐다. 이렇게 '단열반'이 결성됐다.

고등학교 2학년 가을부터 실험이 시작됐다. 파테 재료의 비율을 바꾸어가며 각각의 단열성과 내화성을 조사했다. 실험을 진행하면서 각 팀원의 특기가 무엇인지 알게 됐다고 한다.

"미량의 시약을 정확히 쓸 줄 아는 사람이 있는가 하면, 그게 서투른 사람도 있어서 이런 점을 적절히 분담해서 실험했습니다. 남학생들은 전분 풀을 못 만들더라고요. 전분 풀은 파테 재료 중 하나였는데, 밀가루와 물에 열을 가해 섞으며 만들어야 해요. 그런데 남학생들이 하면 꼭 실패해 태우기 일쑤여서 늘 여학생들이 만들곤 했지요. 남자애들이 성질이 급해서 너무 화력을 올리는 바람에 망치는 걸지도 몰라요(웃음)." (나오키)

정해진 과제 연구 시간 외에 방과후나 휴일에도 실험을 해서 차근차근 데이터를 모았다. 다른 팀이 다 돌아간 뒤 단열반만 남는 때도 있어서 종종 선생님으로부터 빨리 집에 가라는 주의를 받은 적도 있다.

실험 장비를 직접 만들다

실험에 시간이 많이 소요된 이유 중 하나는 장치를 직접 만들어야 했기 때문이다.

"파테 등의 열전도율을 측정하는 실험 장치를 만들었어요. 기존의 장치는 비싸서 사고 싶어도 엄두가 안 났거든요. 근처 대학을 찾아가서 장치를 사용하게 해달라고 부탁해도 되겠지만 기왕 이렇게 된 거 우리가 직접 만들어보고 싶기도 했어요. 그리고 기존 장치로 측정했을 때 나오는 수치를 계산하는 수식을 당시 저희는 이해할 수 없기도 했고요. 그 수식을 사용하면 실험 자체는 빨라지겠지만, 뭐가 뭔지 알 수도 없는 식은 쓰고 싶지 않았어요. 그래서 초등학교 때 배우는 비율 계산식을 활용할 수 있는 장치를 만들었지요. 그만큼 데이터를 많이 확보해야 해서 힘들었어요." (나오키)

원래 있는 실험 장치를 쓰는 게 아니라 자신들의 이해 수준에 맞춘 실험 장치를 준비하겠다는 발상이 재미있다. 세상에는 편리한 도구가 참 많다. 그러나 그 작동 원리까지 이해하고 사용하는 사람은 적을 것이다. 수학계 최고의 영예라고 하는 필즈상을 일본인 최초로 수상한 고다이라 구니히코는 초등학생이 전자계산기를 쓰는 것에 반대했다. 전자계산기를 만드는 사람이 없어지게 된다는 이유에서였다. 전자계산기는 편리해서 사용법만 익히면 빨리 계산할 수 있다. 그러나 계산 원리를 이해하는 사람이 없어지면 전자계산기는 물론이요, 더 고도의 계산기를 만드는 사람마저 사라지게 되리라는 것이 고다이라의 주장이었다. 누구나 전자계산기를 만드는 사람이 될 필요는 없지만, 연구자에게는 '잘 알지도 못하는 식은 쓰지 않겠다'는 자세가 필요하다.

괴짜 어린이

나오키는 자신이 좀 성격이 꼬인 어린이였다고 말한다.

"초등학교 운동장에서 다들 피구를 하며 놀 때 저만 교실에 혼자 남아 책을 읽으면서 제가 멋지다고 생각했어요(웃음). 그때 읽은 책은《공상과학독본》시리즈였지요. 저자인 야나기타 리카오 씨가 과학은 가시밭길이지만 자신은 그 길을 정비하는 이가 되겠다고 하는 글귀를 읽고 참 대단한 사람이라며 감동했어요. 내용도 재미있고 문장도 쉬워서 중학생이 될 때까지 이 시리즈를 거의 다 읽었어요. 그게 과학에 관심을 가지게 된 계기였지요."

나오키가 오카야마현립 이치노미야고등학교를 선택한 건 일반 교과목을 별로 좋아하지 않아서였다.

"공업고등학교에 가고 싶었어요. 중학교 교사로 일하시던 부모님으로부터 오카야마현립 이치노미야고등학교에 이과와 수학을 배울 수 있는 이수과理數科가 있다는 말을 들었어요. 이수과라는 멋들어진 이름에 낚였던 거예요(웃음)."

나오키는 수업에서 다루는 실험이 뭔가 부족하다고 느꼈다.

"폭발을 동반하는 실험 같은 게 있을 줄 알았거든요……"

자극적인 실험을 하고 싶었던 걸까?

"무슨 위험한 사상을 가져서 그런 건 아니고요(웃음). 그래도 방과후에는 자유롭게 실험을 할 수 있었어요. 선생님께 실험해도 되냐고 물어도 거절당한 적은 한 번도 없었어요. 철 용접에 이용되는 테르밋 반응도 철의 온도가 3천 도까지 올라가면 위험할 수도 있었지만, 선생님께 부탁드려 방과후에 실험할 수 있었습니다."

나오키는 좋아하는 실험을 할 수 있는 환경만이 아니라 '가시밭길'을 함께 걸을 친구들도 얻었다. 그뿐만 아니라 과제 연구를 도와주는 비상근 강사도 좋은 분이었다.

"비상근 강사로 오신 선생님 두 분께 특히 많은 도움을 받았습니다. 두 분 모두 오래 연구를 해오신 전직 대학교수님이셨는데 일주일에 한 번씩, 많으면 두세 번은 학교에 오셔서 상담해주시고 우리와 빈번히 연락도 주고받았어요. 저희의 아이디어에 퇴짜를 놓기보다 자연스레 이끌어주셔서, 지금 돌이켜보면 정말 축복받은 시간이었어요."

대학 연구실에서도 학생 그룹 하나당 여러 명의 멘토가 붙는 일이 흔하다. 나오키의 팀은 어떤 조언을 받았을까?

"비커에 담긴 수분을 제거한 후에도 물방울이 약간 남았는데 '그 비커에 물 몇 그램이 묻어 있는가'라는 질문을 받았어요. 우리가 그런 것조차 모른다는 사실에 깜짝 놀랐고요. 자기 연구에서는 모르는 게 하나도 없도록 하라는 메시지였던 거예요. 슬라이드 자료로 쓰는 일러스트도 왜 거기에 배치했는지 이유가 있어야 한다는 조언도 들었습니다. 과학의 기본적인 사고법부터 리포트 작성법, 발표법까지 철저하게 배울 수 있었지요."

비상근 강사 중 한 명인 전직 오카야마대학 교수 야마모토 슌조 씨는 '발표용 원고나 논문 쓰는 법을 상세히 가르쳤다'라고 회상한다. 단열재 연구는 야마모토 씨의 전공이 아니지만, 예전에도 오카야마현립 이치노미야고등학교에서 열과 관련한 과제 연구를 지도한 경험이 있어서 나오키의 단열반 도우미 역할을 맡게 됐다.

"구두 발표용 원고는 우선 구어체로 적게 하고, 그다음에 실제 발표에서는 원고를 보지 않도록 지도했습니다. 잘 긴장하는 학생에게는 정 막힐 때는 아예 원고를 읽으면 된다고 했지요. 그러면 다소 안심이 되는지 진짜 발표를 할 때는 원고 없이 진행하기도 했어요. 논문은 여러 번 첨삭하면서 문장 추가 및 삭제 등의 수정을 거치고, 그림을 다시 그리는 등 반복 작업을 통해 완성했지요."

실패에서 배운 지도법

나오키가 말하는 '우리의 아이디어에 퇴짜를 놓기보다 자연스레 이끌어주는 지도'는 야마모토 씨 자신의 과거 경험에서 비롯된 것이라고 한다.

"이전에 제가 전면에 나서서 지도하니 실험은 확실히 효율적으로 진행되었지만, 학생들 반응도 그다지 좋지 않았고 스스로 '실험했다'기보다 '억지로 실험하게 됐다'고 느끼는 것 같더군요. 이 경험을 두고 크게 반성한 뒤로 학생들의 이야기를 중시하고 자주성을 존중하게 되었습니다. 실험 지도는 가능한 모두가 모였을 때 하거나 리더이자 팀의 창구 역할을 하는 나오키에게 전한 내용을 바로 메신저 채팅창을 통해 팀원 모두에게 전달되게 하는 등 공평히 지도할 수 있게끔 신경을 썼습니다."

야마모토 씨에게는 나오키의 한마디가 여전히 뇌리에 선명히 남아 있다고 한다.

"2020년 2월에 가고시마에서 열린 '제5회 고등학생 국제 심포지엄'에서 오카야마현립 이치노미야고등학교의 단열반도 연구 성과를 발표했어요. 좋은 결과는 얻지 못했지요. 희망하는 분야에서 심사를 받지 못한 것이 그 원인인 것 같았습니다. 저도 제가 학회지에 논문을 투고하고도 심사위원과 의견이 맞지 않아 잘 안 됐던 경험이 있다고 하면서, 가끔은 그련 아쉬운 결과로 끝나기도 한다며 나오키에게 위로를 건넸지요. 그러자 나오키는 '저는 피눈물이 날 정도로 분했어요'라고 말하더군요. 저는 포기가 빠른 편이어서 그런 기분이 든 적이 없었지만, 나오키의 말에 어떻게든 이 한을 꼭 풀고 싶다는 마음이 들었습니다."

팀으로 이루어낸
전국 2위의 쾌거

약 반년 뒤 그 기회가 찾아왔다. 앞서 말했듯 2020년 SSH 학생연구발표회에서 우수한 성적을 거둔 것이다.

"최종 심사일에 저는 학교에 갈 예정이 없었지만, 학생들이 시간이 되면 꼭 와달라고 하기에 학교로 갔습니다. 온라인 중계방송을 다 같이 지켜보고 있을 때 '이 자리에 내가 있어봤자 별 도움은 안 되겠네'라고 중얼거리자, 팀원 중 한 명이 '선생님이 계시기만 해도 마음이 편해져요'라고 말했어요. 그렇게까지 날 믿고 있구나, 하고 참 기쁜 마음이 들었지요. 수상이 결정됐을 때는 '과학기술진흥기구 이사장상'이 어떤 상인지 몰랐다가 나중에 전국 2위는 오카야마현에서 나왔다는 이야기를 듣고 깜짝 놀랐습니다."

한편 나오키는 뭐라도 상을 탈 것 같은 기분이 들었다고 한다.

"발표도 문제없었고, 팀원들도 모두 최선을 다했다는 달성감을 느꼈어요. '성공할 수 있겠다'는 생각이 들었죠. 전국 2위까지 올라가게 될 줄은 몰랐지만요."

팀원들은 각자 대학에 진학했다. 나오키는 핵융합 쪽으로, 히토시는 생태모방(생물의 생태를 모방한 기술 개발) 쪽으로, 유메는 건축 쪽으로. 모모나는 톱밥 소재 개발 경험을 살려 환경에 도움이 되는 재료 연구를 해보고 싶다고 한다.

원래 낯가림이 심했던 유메는 톱밥 소재 연구를 하면서 자주적인 성격을 갖게 됐다고 말한다. "현재 손이 빈 사람이 지금 할 수 있는 일을 하는 방식으로 실험을 했기 때문에 자주적으로 행동할 수밖에 없었어요. 대학에서도 수업만으로 이해하지 못할 때는 교수님께 따로 질문하곤 하는데, 제가 그렇게까지 적극적이 된 것도 다 과제 연구 덕분이라고 봐요."

어떤 분야로 나아가든 톱밥 소재 연구로 배운 과학적 사고법, 실험 방법, 리포트 쓰는 법, 발표법 등은 도움이 된다. 그뿐만 아니라 팀워크도 과학연구에서 큰 위력을 발휘할 수 있음을 경험적으로 이해한 것 역시 그들에게 있어 큰 의미일 것이다.

톱밥 소재 연구를 진행하며 팀원 간 의견 충돌은 없었는지 나오키에게 물어보니 이런 대답이 되돌아왔다.

"여러 의견이 나왔을 때는 그걸 전부 다 시험해보았어요. 제가 잘 못하는 건 잘하는 사람에게 물어보거나 해달라고 부탁했지요. 저 혼자서는 이런 연구를 해내지 못했을 거예요."

저렴한 비용으로 중력을 연구하다

야간 고등학교 과학 동아리

5

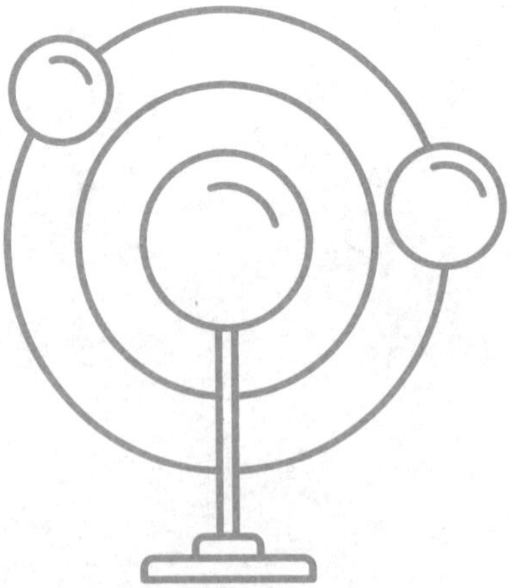

오사카에 사는 가미노 유스케 군은 2017년 11월에 고등학교 과학 동아리 대표로 일본자기학회에서 발표를 했다. 상자성 자화율常磁性 磁化率의 새로운 측정법에 대한 내용이었다.

"친구들에게 이걸 설명할 때는 이제까지 수백만 엔이나 하는 장치로만 측정할 수 있었던 것을 3만 엔 정도의 비용만 들여 만든 장치로 측정하게 됐다고 말했지요. 홈센터 같은 데서 파는 목재와 자석을 사서요." (유스케)

물론 학회에서는 과감한 비용 절감만이 아니라 새로 고안한 장치의 세부사항이나 장치를 활용한 실험에 대해 전문 용어를 써가며 자세히 설명했다. 질의응답 시간에는 연구자들의 어려운 질문에도 잘 대답했다.

유스케가 들어간 과학 동아리는 2014년 3월에 일본물리학회 주니어 부문에서 최우수상을 받은 것을 시작으로 일본 지구혹성과학연합대회 고등학생 포스터 발표, 고등학생 과학기술 챌린지 등 각종 학회의 고등학생 부문이나 과학연구 경진대회에서 빛나는 상을 받았다. 고등학생 대상 경진대회가 아니라 연구자들을 위한 자리에 나선 건 일본자기학회 발표가 처음이었다. 자신들이 한 연구가 전문가에게도 통하다니, 유스케에게 있어 이 발표는 고등학교 학창시절의 총결산 같은 것이었다.

유스케는 중학교 3년 동안 전혀 학교에 다니지 않았다.

"기립성 조절 장애라는 병 때문이었어요. 아침에는 저혈압 때문에 일어나 활동하면 두통과 구토감이 심하게 몰려오곤 했지요. 초등학교 3학년 때부터 이 병을 앓았어요. 초등학생 때는 오전 중에 보건실에 있었고, 그러다 몸이 좀 나아지면 수업에 다시 참여할 수 있었지요. 하지만 중학생 때부터는 보건실에 한 시간밖에 있을 수 없었고, 그러고 나서 회의실로 자리를 옮겨 혼자 앉아 있곤 했어요. 그렇지만 가만히 앉아 있어도 혈압은 계속 내려가거든요. 너무 힘들어서 '학교에 가는 의미가 없는 것 같은데?' 하는 생각이 들더라고요. 부모님이 학교에 문의해도 학교 측에서는 제대로 조치해주지 않았어요. 부모님도 억지로 학교에 가지 않아도 된다고 해서 결국 등교는 안 하게 됐지요."

야간 고등학교에서 과학 동아리를 만나다

2013년 4월, 유스케는 오사카부립 가스가오카고등학교의 정시제(定時制, 정시제 고등학교는 하루 수업 시간이 4시간 정도로 짧은 편이다. 저녁부터 시작하는 학교도 많아 일하면서 다닐 수도 있다. 우리나라의 '야간 고등학교'와 비슷하다—옮긴이) 과정에 입학했다.

"아침부터 힘들게 일어나 학교에 가지 않아도, 야간 정시제 고등학교라면 저녁부터 수업을 듣고 공부할 수 있잖아요. 1학년 때는 그게 참 좋았어요. 오후부터는 혈압도 올라가니까 몸이 편안할 때 공부할 수 있었거든요."

물 만난 물고기 같다고 표현해야 좋을까. 유스케는 고등학교 입학 후에 적극적으로 학교생활을 했다. 처음에 열중했던 건 축구였다. 저녁 5시 반부터 밤 9시 15분까지 수업을 듣고, 그후에 10시 반까지 축구 연습을 하다가 집에 돌아오면 자정이 되는 나날을 보냈다.

과학 동아리 입부 제안을 받은 건 정시제·통신제 고교 축구 전국대회가 끝났던 가을 즈음이었다. 과학 동아리 고문교사 중 한 명인 다니구치 마키 씨가 과학 동아리에 들어오지 않겠느냐고 권했다. 그때까지 유스케는 과학 동아리에 들어갈 생각은 못 했지만, 축구 동아리와 병행해도 된다면 들어가겠다고 했다. '우주를 주제로 실험할 수 있다'는 말에 큰 관심이 생겼다.

다니구치 씨가 유스케를 눈여겨본 것도 '우주'가 계기였다. 국어교사였던 다니구치 씨는 유스케가 1학기 국어시간에 다룬 교재의 감상문에 '우주가 좋다'고 쓴 걸 보고 이 학생이라면 분명 과학 동아리에 들어오리라 확신했다. 그래도 축구 전국대회가 끝날 때까지는 많이 바쁘겠지 싶어 곧장 권유하지 않고 가을까지 기다렸다.

유스케가 우주에 관심을 가지게 된 건 고등학교 입학 전에 다니던 학원 강사의 영향 덕분이다. 물리 관련 학부에 다니던 대학생이었는데, 수업 중에 종종 혜성이나 블랙홀 등 수수께끼로 가득한 천체 현상에 관해 이야기해주곤 했다.

실험하면서 연구 내용을 파악하다

유스케가 과학 동아리에 들어가 처음으로 한 일이 바로 반자성 자화율 측정 실험이었다. 3개월 뒤에는 큰 무대에서 그 실험에 대해 발표해야 했다. 우주를 주제로 실험할 수 있다고 기대를 잔뜩 했는데 이게 뭐냐는 의문을 품을 틈도 없이, 유스케는 발표 준비에 여념이 없었다.

자성磁性이란, 자석에서 발생하는 자장磁場에 물질이 반응해 자석이 되는 성질을 일컫는다. 물질이 외부 자장과 같은 방향으로 약하게 반응하는 성질이 상자성, 외부 자장과 반대 방향으로 약하게 반응하는 (자석의 N극과 S극 어느 쪽을 가까이 해도 반발한다) 성질이 반자성이다. 자화율이란 얼마만큼 강한 자석이 되는지를 드러내는 것이다. 상자성체(상자성을 갖는 물질)에는 대표적으로 알루미늄·리튬 등이 있고, 반자성체(반자성을 갖는 물질)로는 흑연·물·다이아몬드·금·은 등이 있다.

유스케가 이런 지식을 얻게 된 건 훨씬 뒤의 일이다. 과학 동아리 고문선생님 세 분이 반자성에 대해 조금 설명을 해주었지만, 그것만으로는 이해하기 어려웠다. 유스케는 먼저 동아리에 들어온 동급생 두 명과 함께 실험 작업을 하거나 데이터 해석을 도왔다. 그러면서 막연하게나마 연구 내용을 이해하던 중 발표 당일을 맞이했다.

일본물리학회 주니어 부문에서 최고상을 받다

2014년 3월 28일, 유스케를 비롯한 세 학생은 도카이대학(가나가와현)에서 개최된 일본물리학회 제10회 주니어 부문에서 구두 발표를 했다.

일본물리학회 주니어 부문은 고등학생을 위한 연구발표회로, 아인슈타인이 물리학에 혁명을 일으킨 논문을 1년 동안 무려 네 편이나 발표해 '기적의 해'라고 불리는 1905년의 100주년을 기념해 2005년에 개설했다. 전국의 고등학교에서 응모하는 리포트로 1차 심사를 거치고, 뛰어난 것은 본 대회 포스터 발표작으로 선정한다. 거기서 더 뛰어난 내용은 구두 발표 기회를 얻게 된다.

가스가오카고등학교 정시제의 과학 동아리는 그 부문의 최종 선발 54개교 가운데서 최우수상을 받았다. 과학 동아리에서 연구를 시작한 지 약 1년 만에 유스케를 포함하여 세 명의 학생이 갑자기 최우수상을 거머쥐었던 것이다. 짧은 기간이지만 필사적으로 연구에 임하면 충분한 성과를 얻을 수 있다며 유스케는 자신감을 다졌다.

대회 후에 유스케가 소속된 동아리는 더욱 열심히 실험을 이어나갔다. 과학 동아리는 매주 화요일과 목요일, 수업이 끝나는 밤 9시 15분부터 10시 반까지 활동했는데, 그 시간에 실험을 하거나 앞서 데이터를 잘 얻어낼 수 없었던 이유를 생각하며 장치를 개량하는 등 다음에 학회에서 발표할 준비를 했다. 동아리 활동 종료 10분 전에 동아리실을 찾는 고문선생님들은 질문하면 최소한으로만 대답해주었다.

어느 정도 체계적인 지식을 얻을 수 있었던 건 여름방학 때 열린 스터디 모임 덕분이었다. 교사가 학생을 지도한다기보다 교사와 학생이 실험을 통해 함께 배워나가는 분위기였고, 유스케는 이 방식이 자신에게 잘 맞았다고 말한다.

"계속 학교에 다니지 않아서 그런지 책상 앞에 앉아 공부하면 막 거부반응이 일어나요(웃음). 교과서를 읽고 공부하려 했지만 아무 소용도 없었지요. 과학 동아리에서 실제로 실험하며 배우는 방법이 저한테 딱 맞았어요."

제일 고생했던 건 프레젠테이션이었다.

“저는 원래 말하는 게 서툴러서 프레젠테이션 경험도 없고, 남들 앞에 나설 자신도 없었어요. 첫 발표 때도 파워포인트 슬라이드나 조작했지, 직접 설명한 건 다른 두 친구였지요. 하지만 그후에 포스터 발표나 어린이 대상 과학 이벤트에서 발표하며 경험을 쌓고 나서 전문 학회의 고등학생 연구발표 경진대회에 나갔어요. 처음에는 도쿄를 비롯해 전국 곳곳에 갈 수도 있고 밥도 사주고 그러니까 좋다는 느낌으로 과학 동아리 활동을 했거든요(웃음). 그런데 단계적으로 점점 무대가 커지니까 조금씩 프레젠테이션 기술을 습득할 수 있었어요. 지금 돌이켜보면 학회에서의 프레젠테이션보다 초등학생들한테 설명하는 게 더 어려웠네요(웃음). 전문용어를 사용하지 않고 최대한 쉽게 설명해야 했으니까요.”

이 실험으로
전국 1등을 하겠다

경진대회에 응모하는 리포트나 발표 원고는 발표자 본인이 쓰고 고문선생님들이 첨삭했다. 발표 연습도 여러 번 했다.

고문은 국어교사인 다니구치 씨, 과학교사인 히사요시 게이지 씨, 에스가 준이치 씨 등 세 명이 맡았다. 다니구치 선생님은 문법적인 오류는 없는가, 알기 쉬운 글인가 하는 관점에서 지도했다. 유스케는 긴장하면 말이 빨라져서 알아듣기 힘드니 의식적으로 천천히 큰 소리로 말하라는 등의 조언을 받았다. 한편 과학교사인 히사요시·에스가 선생님은 과학적으로 잘못된 부분이 없는가 하는 관점에서 지도했다. 문법적으로는 잘못된 게 없더라도 과학적으로 보면 이상한 표현에 대해 종종 고문교사들끼리 격렬하게 의견을 교환하곤 했다.

"선생님들은 전국 '1등을 하면 좋겠다'가 아니라 '1등을 해야 한다'라며 진심으로 나서셨어요. 우리 학생들도 아무도 하지 않았던 일을 한다는 실감이 들었지요. 선생님이 발표 원고에 퇴짜를 놓으실 때도 있었고, 발표가 서툴러 혼날 때도 있었지만 '이 실험으로 전국 1등을 하겠다'는 목표를 갖고 있었기 때문에 최선을 다할 수 있었어요. 선생님들이 늘 귀가 따가울 정도로 하셨던 말씀이 바로 '모르는 건 모른다고 확실히 말해라'였어요. 포스터 발표나 구두 발표의 질의응답에서 질문을 받았을 때 모른다고 하는 건 상당한 용기가 필요하지만, 괜히 아는 척해서 얼버무리려 하지는 않았습니다. 질의응답에서 대답하지 못한 것이 있으면, 다음에는 꼭 잘 답해야겠다고 생각하면서 더 공부했지요."

드디어 우주 실험을 하다

과학 동아리에 들어간 지 4년째, 유스케는 드디어 우주를 주제로 한 실험을 시작했다. 달이나 화성의 중력 환경을 지상에 재현하여 다양한 물리 현상을 관찰하는 실험이었다.

"고문선생님이 '그러고 보니 유스케 너는 우주에 대해 연구하고 싶다고 했지?'라고 이제 생각났다는 듯 말씀하셨어요. 우주를 주제로 실험할 수 있을 줄 알고 동아리에 들어왔는데, 난 왜 계속 자성에 대한 것만 다루고 있나 하는 생각이 들긴 했지요(웃음)."

달과 화성의 중력은 각각 지구의 약 16.7퍼센트와 38퍼센트밖에 되지 않는다. 아주 정밀한 측정기를 갖추지 않는 한 지구상에서는 어디든 중력이 1G로 일정하다. 그럼 어떻게 지상 환경에서 중력을 바꿀 수 있을까?

실험에 이용할 수 있는 것은 도르래다. 원반에 줄을 걸어 한쪽 끝을 잡아당겨 원반을 회전시켜 움직이는 도구로, 대표적인 것이 바로 엘리베이터다.

"엘리베이터를 매단 케이블을 끊으면 곤두박질치며 낙하하잖아요. 이때 만약 공기 저항도 마찰도 없다면 자유낙하해서 엘리베이터 안은 무중력 상태가 돼요. 도르래에 매단 채로 엘리베이터의 낙하 속도를 조절하면 엘리베이터 안에 중력을 남길 수 있지요. 이 원리를 이용해서 달과 화성의 중력을 재현하려 했어요."

내가 자유낙하에 이용할 만한 기구로 떠올린 것이라곤 떨어지는 순간에 몸이 붕 뜨는 기분을 즐기는 유원지 놀이기구 정도였다. 그 외에 우주비행사가 훈련을 위해 쓰는 비행기(포물선 궤도를 그리다 자유낙하하여 25초 동안 무중력 상태를 만들어낼 수 있음)도 텔레비전을 통해 본 적이 있다. 그런데 무중력 및 중력 가변이 가능한 실험 장치라니, 그런 건 듣도 보도 못했다.

실험을 위한 무중력 및 중력 가변 장치란 어떤 것일까? 한때 일본에는 홋카이도의 가미스나가와초의 지하무중력실험센터JAMIC와, 기후현 도키시의 일본무중량종합연구소MGLAB에 대형 중력 가변 장치가 있었다. 두 곳 모두 낙하 거리를 확보하기 위해 지하로 뚫은 세로로 긴 구멍과 높은 탑을 조합한 것으로, 전자는 490미터이고 후자는 100미터이다. 공기 저항에 의한 감속을 줄이기 위해 덕트(기체를 통과시키는 관)로 공기를 뺀 탑 내부에 실험 기기를 넣은 캡슐을 낙하시킬 수 있었다. 두 설비는 각각 2003년과 2010년에 폐쇄되었다. 유지 비용을 감당할 수 없었던 모양이었다.

국제우주정거장ISS도 무중력 실험을 할 수 있는 환경이지만, 어느 곳이든 간에 무중력 및 중력 가변 장치에는 대규모 시스템과 막대한 비용이 든다.

과학실 창고 천장을 뚫어 장치를 만들다

유스케의 과학 동아리가 만든 것은 무중력 장치도, 중력 가변 장치도 모두 '어떻게 이런 걸로 실험이 가능한 거지?'라는 의문이 들 정도로 규모가 작다. 특히 중력 가변 장치에 쓰는 낙하 탑은 과학실 창고 천장을 뚫어 자전거 바퀴를 고정한 후 거기에 스테인리스 와이어를 감아 만들었다. 높이는 겨우 2미터이고, 낙하 시간은 약 0.6초에 불과하다.

"와이어에 낙하 캡슐을 매달면 와이어의 진동, 와이어와

유스케의 과학 동아리가 만든 낙하 탑

도르래 사이의 마찰 때문에 정확한 데이터를 얻기 어려워요. 그런 부분의 방해 요소를 줄이는 방법을 계속 고안했지요."

캡슐을 떨어트릴 때 진동을 가급적 억제하기 위해 전자 개폐기(리모컨 조작으로 전기를 흘려 스위치를 해제하는 것)를 사용했다. 그저 캡슐을 아래로 떨어뜨리는 단순한 장치 같지만, 정밀한 실험을 위해 여러 방법을 고안했던 것이다.

그들은 실험으로 화성에서는 물의 점성이 올라간다는 결

과를 얻었는데, 실험 내용은 다음과 같다. 화성 표면처럼 모래에 물을 흘리는 모습을 촬영하기 위해 비커를 두 개 준비하여 하나에는 모래를, 또 하나에는 물을 넣는다. 전체를 캡슐에 넣어 낙하시키는데, 화성의 중력 환경이 재현되는 그 짧은 0.6초 사이에 물이 들어간 비커를 기울여 모래가 담긴 비커에 물을 옮겨야 한다.

그들이 이 문제를 해결한 방법은 어찌 보면 매우 단순하지만, 무릎을 탁 치게 된다. 캡슐을 낙하시키면 내부 중력이 작아져서 물체가 가벼워진다. 그 물체와 캡슐 천장을 용수철로 이어놓으면, 낙하가 시작된 순간에 용수철의 장력으로 물체가 끌려 올라가게 된다. 이 원리를 이용하면 중력 변화에 맞춰서 물이 들어간 비커를 기울일 수 있다. 이렇게 모래가 들어간 다른 비커에 물을 흘려 넣는다.

화성에서는 물이 모래에 천천히 스며든다

실험 결과, 지구보다 화성의 중력 환경에서 물이 모래에 더 천천히 스며든다는 사실을 알게 됐다. 더 나아가 모래를 경

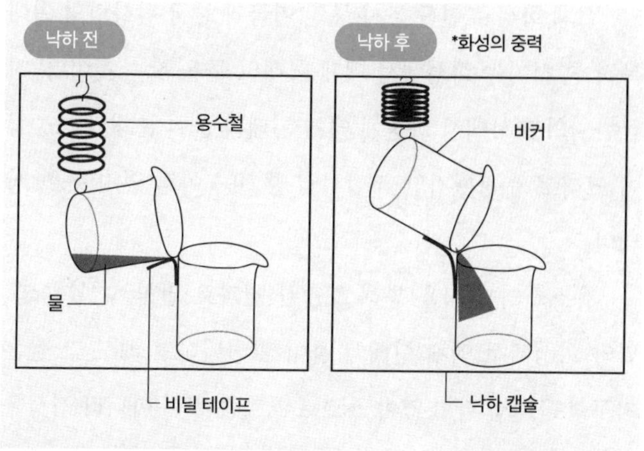

중력의 변화에 맞춰 비커를 기울여 모래가 들어간 비커에 물을 흘려 넣는다.
참고: 히사요시 게이지, 다니구치 마키, 에스가 준이치, 〈중력 가변 장치를 활용한 화성 표층의 물 흐름 해석〉

사지게 한 뒤 물을 흘렸을 때 지구와 화성의 물 흐름도 차이가 난다는 것을 알 수 있었다. 화성 표면(을 본뜬 환경)의 경사면에서는 물이 모래 내부에 거의 스며들지 않고 모래를 끌어들이면서 '진득하게' 흘러내리는 모습을 보였다. 중력과 물의 표면 장력 균형이 달라져 물의 점성이 높아진 까닭이다. 유스케의 과학 동아리는 화성의 중력 환경에서 물 점성률이 지구에 비해 몇 배나 더 높아지는지를 알아보았다.

현재 화성 표면을 조사 중인 미국과 중국 탐사팀의 최대 목적 중 하나는 화성에서 액체 형태의 물을 찾는 것이다. 지금까지의 조사에서 화성에 액체 형태의 물이 존재할 가능성이 크다고 추정했지만 직접적인 증거는 아직 얻지 못한 상태다.

유스케의 실험을 통해 도출한 결과로 말할 수 있는 건, 만약 화성에서 액체 형태의 물이 발견된다고 해도 그 물은 지구의 물처럼 막힘 없이 스르르 흐르는 것이 아니라 점성을 가진 모습을 취할 가능성이 있다는 점이다. 이런 지식을 화성이 아닌 고등학교 과학실에서 얻어냈다니 참으로 놀라울 따름이다.

수납 케이스를 개조하여 만든 실험 장치

반자성 및 상자성 자화율을 측정하는 실험에서도 중력을 조작하는 실험 장치가 결정적인 역할을 했다.

기본적인 원리는 달과 화성의 중력 환경을 재현하는 중력 가변 장치와 같다. 차이점은 캡슐을 와이어에 매다는 것이 아니라 단순히 낙하한다는 것뿐이다. 낙하 중에 공기 저항을 받아 낙하 속도가 떨어지면서 캡슐 내에 약간의 중력이 남지만, 이 장치에 의해 실질적으로는 거의 무중력 상태를 만들어 낼 수 있다. 낙하 탑은 마트에서 얼마든지 살 수 있는 수납 케이스를 개조하여 만들었다.

약한 자장만 가해도 바로 자기를 띠는 것이 바로 강자성체強磁性體다. 대표적인 예가 바로 철이다. 한편 반자성체나 상자성체의 경우 자화율이 작고 초등학교에서 사용하는 영구 자석을 가까이 가져다대도 눈에 보이는 변화가 일어나지 않는다. 그래서 지금까지 사용되어온 자화율 측정 장치에는 특수한 장비가 필요했고, 그 가격은 비싼 것은 수백만 엔에 달했다.

그러나 앞서 말했듯 유스케의 과학 동아리가 만든 실험 장치는 원가가 겨우 3만 엔에 불과하다. 어떻게 그런 저렴한 장치를 만들 수 있었을까. 그 비밀은 바로 중력에 있다. 반자성체나 상자성체가 영구 자석에 반응하기 어려운 이유는 중력 때문에 자력의 효과가 잘 드러나지 않기 때문이다. 중력을 없애면 이야기가 달라진다. 약한 자력밖에 없는 자석이라도 무중력 환경에서는 반자성체나 상자성체로부터 확연한 반응

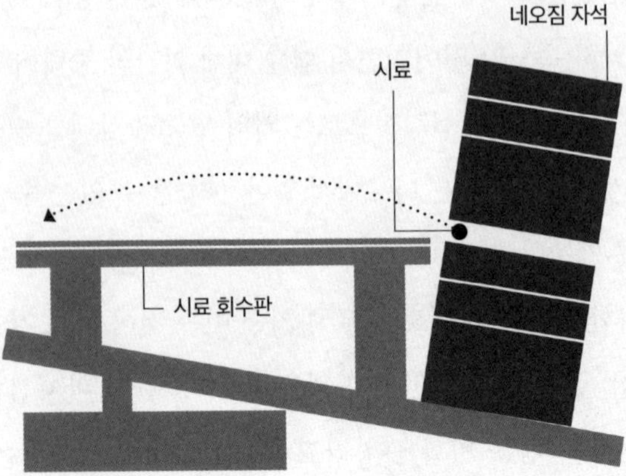

낙하 캡슐 안에 네오짐 자석을 위로는 N극, 아래로는 S극이 오도록 설치하고(N극과 S극을 반대로 해도 됨), 양극 사이에 반자성체나 상자성체를 포함하는 시료를 놔둔다. 이 상태에서 캡슐을 낙하하면, 시료는 공중으로 붕 떠오르며 시료에 포함된 고체 입자가 각각의 자화율에 따라 자석에서 서로 다른 힘을 얻어 다양한 궤적을 그리며 날아, 캡슐과 함께 떨어진다. 반자성체이고 자화율이 크면 자석에 대해 반발하는 힘이 커서 멀리 날아가 떨어지고, 자화율이 작으면 자석에 큰 반발이 없어 근처에 떨어진다. 고체 입자가 떨어지는 근처에 모눈을 그린 판을 놔두면 고체 입자가 이동한 거리를 효율적으로 측정할 수 있다.
참고: 오사카부립 가스가오카고등학교 정시제 과정 과학 동아리, 오사카부립 오테마에고등학교 정시제 과정 과학 동아리, 오사카부립 이마미야공과고등학교 정시제 과학 동아리, 〈미소중력 아래에서 영구 자석을 활용한 고체 입자의 분리 및 동정同定: 고체판 크로마토그래피를 목표로 하여〉

을 이끌어낼 수 있다. 유스케의 과학 동아리는 영구 자석 중에서 상당히 강한 자력을 가진 네오짐 자석을 사용해 실험했다. 이렇게 하여 다양한 고체 입자의 자화율을 측정하고, 더 나아가 액체 상태의 물이 가진 자화율도 측정하는 데 성공했다.

2017년 10월 28~29일에 나고야시립대학에서 개최된 제14회 고등학교 화학 그랜드 콘테스트에서, 유스케의 동아리는 반자성 및 상자성 자화율 측정에 관한 연구 성과에 대해 구두 발표를 하고 금상을 수상했다(오사카부립 오테마에고등학교 정시제 과정과 합동 수상).

그것보다 훨씬 더 기뻤던 일이 있었다고 한다.

"제 프레젠테이션을 들은 여고생 한 명이 우리 고문선생님께 '연구 내용이 재밌고 발표도 이해하기 쉬웠다고 프레젠테이션 한 학생한테 전해주세요'라고 말했대요. 원래 자성에 관심이 있던 연구자보다 이 분야의 예비지식을 크게 갖추지 못한 사람에게 제 연구의 재미를 전할 수 있어서 기뻤어요."

낮에는 연구원, 밤에는 교사

직접 만든 미소중력 장치나 중력 가변 장치는 이 과학 동아리에게 독특한 연구 성과와 과학 경진대회의 빛나는 상을 안겨준 토대가 되었다. 이 고등학교에서는 어떻게 이런 일이 가능했던 걸까.

"제가 대학에서 했던 연구와 관련이 있습니다."

그렇게 말한 이는 오사카부립 오테마에고등학교 정시제 과정의 과학교사인 히사요시 게이지 씨다. 그는 2015년까지 가스가오카고등학교 정시제 과정 과학 동아리의 고문을 맡았다.

"원래 일반 고등학교에서 과학교사로 일했지만, 1996년부터 2년 동안 고등학교를 떠나서 나루토 교육대학 대학원에 갔습니다. 거기서 동입체 분석 연구를 했는데, 졸업할 때 큰 도움을 주신 교수님께서 '연구를 그만두기에는 너무 아까우니 계속 해봐라'라고 말씀하시더군요. 그래서 정시제 고등학교에 지원하여 저녁까지는 오사카대학대학원 이학연구과 우주지구과학 전공 특임연구원으로서 오사카에서 연구활동을 하고, 밤에는 가스가오카고등학교에서 과학을 가르쳤습니다."

히사요시 씨 역시 일하면서 학교에 다니는 대부분의 정시제 학생들처럼 두 가지 직업을 가졌던 것이다.

"이런 이중생활에 익숙해졌을 무렵 학생들에게 미소중력 연구 이야기를 하자 자기들도 해보고 싶다며 관심을 보이더군요. 에스가 과학선생님과 다니구치 국어선생님께도 고문을 부탁드려서 2010년에 과학 동아리를 만들었지요."

처음으로 동아리 부장을 맡은 사람은 당시 담임을 맡은 반 학생이었던 68세의 오자와 히로토시 씨였는데, 10대 시절에는 몸이 약해 고등학교 진학을 포기하고 인쇄회사에서 정년까지 일한 후에 다시 이 학교에서 만학도의 길에 든 이다. 동아리 인원은 아홉 명으로, 가장 어린 학생이 15세였다.

부원들은 마트에서 산 부품을 조합해 미소중력 장치를 만들었다. 저렴한 비용만 들였지만, 히사요시 씨의 그때까지의 연구 성과와 다양한 배경을 가진 학생들의 아이디어로 가득한 장치였다.

하야부사 2호의 기술 개발에도 활용될 수 있다고?

전환기는 동아리 창설 2년째에 찾아왔다.

"2011년 5월에 지바시의 마쿠하리메세(幕張メッセ, 지바현

지바시 신도심에 위치한 일본 국내 2위 규모의 종합 컨벤션 시설—옮긴이)에서 일본지구혹성과학연합 2011년 대회가 열렸는데, 거기서 '실험실 내에서 사용할 수 있는 간이형 미소중력 실험 장치 제작'이라는 내용의 포스터를 발표하여 우수상을 받았어요. 게다가 심사위원 중 한 명인 다치바나 쇼고 선생님(당시에는 도쿄대 대학원 지구혹성과학 전공 조교로, 현재는 같은 대학 우주혹성과학기구 교수)께서 '이 콘셉트는 하야부사 2호 기술 개발에 활용하면 좋겠다'라고 말씀해주셨어요."

'하야부사 2호'는 2014년에 발사된 소행성 '류구'에 착륙하여 모래와 암석 채취에 성공하고 2020년 12월 지구에 잠시 귀환했다. 회수한 캡슐을 무사히 전달한 뒤 다른 소행성으로 항행을 이어가는 중이다. 2011년 당시는 탑재 기기 개발에 열을 올리던 시절이었다.

"다치바나 선생님은 류구의 시료 분석팀 팀장이었는데, 당시에 '샘플러 혼'이라는 채취 장치를 설계하는 중이었습니다. 그 설계에 저희 장치의 콘셉트를 활용할 수 있을 거라고 하셨지요."

초대 '하야부사'가 세계 최초로 샘플을 지구로 가지고 오는 샘플 리턴에 성공한 때가 2010년 6월이었다. 그 흥분이 가라앉기도 전에 세계가 주목하는 2호기 개발에 관여할 수 있다는 말을 듣고, 과학 동아리 학생들은 잔뜩 흥분해서 실험과 프레젠테이션에 더욱 힘을 쏟았다.

"더 기뻤던 점은 다치바나 선생님께서 고문교사를 통하지 않고 학생들에게 직접 장치를 쓰게 해달라고 부탁하셨다는 거예요. 학생들을 어엿한 연구자로 봐주셨던 거지요. 학생들에게 아주 큰 경험이 됐을 거예요."

이론보다 실험

그 이후 과학 동아리는 신나게 나아가, 학회나 과학 경진대회에 차례로 출전하여 매번 어떤 것이든 상을 타왔다.

정시제 학교에 다니는 학생들은 시간적인 제약이 크다. 공부를 힘들어하는 사람도 많다. 게다가 과학 동아리가 하는 연구에는 미소중력이나 반자성 같은 어려운 전문용어도 등장한다. 익숙하지 않은 사람에게는 낯선 인상만 줄 것 같은데, 어떤 식으로 학생들의 흥미를 끌어낼까?

"처음부터 과학이 좋다고 하는 학생은 적을지도 모르지만, '우주'를 동경하는 사람은 많을 거예요. 과학 동아리 활동에서도 이론 공부보다는 실전에 무게를 뒀어요. 실험을 해서 장치를 개량하고 또 실험을 하는 식으로요." (히사요시)

평소 수업이나 잡담을 하는 중에 '이 학생은 과학에 관심이 있을지도 모른다'는 생각이 들면 그 학생에게 제안하는 식으로 부원을 모집했다.

"쉬는 시간 등에 학생들과 자주 대화를 나누거든요. 정시제는 일반 학교보다 학생과 교사 간 거리가 좀 가까운 편이에요." (다니구치)

과학 동아리는 눈부신 활약을 보이지만, 예산이 넉넉하지는 않다. 가스가오카고등학교 학생회에서 지급되는 동아리 활동비는 1년에 겨우 1만 엔에 불과하고, 여러 기관으로부터 자금을 모아 겨우 연구를 이어나가는 상황이다. 그럼에도 명문교나 슈퍼사이언스하이스쿨(문부과학성으로부터 수천만 엔의 예산을 지원받는다)을 능가하는 성과를 내고 있다.

아무도 하지 않는 것을 해보자

무엇이 그들의 원동력이 된 것일까.

"저는 항상 동아리 부원들에게 '지금까지 그 누구도 하지 않았던 일을 해보자' '네가 세계에서 처음으로 이 현상을 보는 거야'라는 말을 해요. 아마도 과학의 특성이겠지만, 한 명의 실험가로서 그리고 한 명의 연구자로서 과학 앞에서는 모두 입장이 같죠. 저도 학생들이 실험으로 어떤 결과를 낼지 알 수 없고, 다른 연구자도 몰라요. 그 학생들이 답을 도출해서 발표장으로 나가면, 발표회를 여는 대학교수님들은 학생들의 직함 따위는 보지 않지요. 정시제 학교에 다니는 학생인지 아닌지 신경 쓰지도 않고요. 그분들이 묻는 건 오직 어떤 연구를 해왔는지, 어떤 실험 결과를 얻었는지뿐입니다. 좋은 평가를 받으면 자신들이 해왔던 일이 진짜였구나 하고 깨닫게 되지요. 학생들이야 교수님들의 직함을 보고 놀랄지도 모르겠지만요(웃음)." (히사요시)

국어교사인 다니구치 씨는 주로 프레젠테이션 지도를 한다. 과학에 익숙하지 않은 학생들이 실험하거나 데이터 분석을 하는 것도 힘들지만 남들, 그것도 전문가 앞에서 이야기하는 것도 매우 힘든 일이다.

"좌절한 경험이 있어서 자기 속사정을 이야기하는 게 싫은 학생도 많아요. 그렇지만 프레젠테이션에서 말하는 건 자기가 임한 실험에 대해서죠. 그건 오직 본인들만 아는 내용이에요. 자신들 말고 그 누구도 이 이야기를 할 사람이 없어요. 듣는 사람도 궁금해서 질문을 던지지요. 그러니까 학생들은 남들에게 잘 전달하고 싶은 마음이 생기고, 뜻이 전해지면 기뻐합니다. 처음에는 모두 발표를 꺼려요. 하지만 목소리 내는 연습, 상대방의 눈을 보고 이야기하는 연습부터 시작해 프레젠테이션 경험을 쌓는 사이에 점점 실력이 늡니다. 졸업할 즈음에는 프레젠테이션 하는 걸 좋아하기까지 해요." (다니구치)

내가 가스가오카고교 정시제의 과학 동아리에 관심을 가진 건 2020년 11월에 세상을 떠난 물리학자 고시바 마사토시 씨를 추모하는 기사를 쓰려던 때였다. 고시바 씨가 노벨물리학상 상금을 쏟아부어 세운 헤이세이기초과학재단에 관한 기본 정보를 확인하기 위해 위키피디아에서 해당 항목을 읽었다. "재단 해산과 함께 마지막이 된 고시바 마사토시 과학교육상 우수상에 오사카부립 가스가오카고등학교 정시제 과정 동아리 활동 과학부가 선정되어, 2017년 3월 20일에 도쿄대에서 열린 시상식에서 고시바 씨로부터 상품이 수여됐다"라는 문장을 발견했다. 그 동아리가 지금까지 과학경진대회에서 상을 탄 리스트가 적힌 웹페이지를 금방 찾을 수 있었고, 그 덕분에 그 활동이 더욱 궁금해져 취재를 요청했다.

고시바 마사토시의 가미오칸데와의 공통점

이 학교 과학부의 미소중력 장치나 중력 가변 장치는 규모가 달라서 그렇지, 고시바 마사토시 주도로 개발하여 1987년에 초신성 폭발로 발생한 뉴트리노를 관측해 그에게 노벨상을 안겨준 가미오칸데와 비슷하다.

가미오칸데(기후현에 있는 가미오카 폐광 지하에 있는 중성미자 검출 시설이다—옮긴이)는 원래 비교적 적은 예산으로도 개발할 수 있고, 학생 교육에 도움이 되는 실험 장치로 구상됐다. 실제로 가미오칸데로 경험을 쌓고 연구를 더 발전시킨 이는 세계적으로 활약 중인 물리학자로 2015년에 노벨 물리학상을 수상한 가지타 다카아키 씨 외에도 많다.

가스가오카고등학교 정시제 과학 동아리의 실험 장치 역시 적은 예산만 들여 만들었지만, 매우 독창적이고 재미있는 실험이 가능한 데다 학생들을 교육할 수 있다는 점에서 가미오칸데와 비슷한 역할을 한다고 봐도 과언이 아닐 것이다.

유스케는 '고시바 마사토시 과학교육상 덕분에 선생님들도 좋은 평가를 받아 기뻤다'고 말한다.

"학생들이 학회에 나가서 높은 평가를 받는 일은 있어도, 선생님들의 활동으로 평가를 받는 일은 오랜 기간 없었어요. 저만이 아니라 같은 동아리 멤버들은 모두 선생님들을 존경했지요. 만약 다니구치 선생님의 권유가 없었더라면, 저는 우주에 관심이 있어도 스스로 과학 동아리에 들어가지는 않았을 것 같아요. 권유를 받아 동아리에 들어간 후에 과학에 흥미가 생겼습니다. 과학의 재미를 발견할 수 있던 것도 모두 선생님들 덕분이에요."

심리학 전공을 택하다

유스케는 오사카인간과학대학에서 심리학을 배우기 시작했다. 2020년 기립성 조절 장애 증상이 악화하여 대학을 1년 휴학했지만, 취재 당시에는 두 번째로 3학년 생활을 보내는 중이었다. 우주를 좋아하고 과학경진대회에서 우수한 성적을 거둔 경력까지 있으면 물리 관련 학부로 진학할 선택지도 있었을 텐데, 싫었다.

"이과로 진학하려 고민하던 시기도 있었지만, 장래를 생각해서 연구자나 학교선생님이 되기보다 기립성 조절 장애를 겪은 경험을 살리고 싶었어요. 상담사나 그런 방면의 일을 하고 싶어서 심리학을 배우기로 했지요. 그런데 심리학 공부는 좀 답답한 감이 있어요. 물리학은 단순해서 좋았는데(웃음)."

대학교 1학년 때 유스케는 자원봉사 동호회 '리코Lico'를 만들었다.

"기립성 조절 장애 어린이의 보호자 모임에 나갔을 때, 아이들이 오후에 있을 곳이 없다는 이야기를 많이 들었어요. 이 병을 가진 아이가 기운을 차리는 건 오후 2시나 3시 정도거든요. 그런데 3시가 넘으면 학교는 끝날 시각이에요. 자유학교도 거의 3시 이후에는 수업을 안 해요. 아무 할 일이 없으니까 아이들이 집에서 게임만 한다는 말씀을 하시더라고요. 그래서 4시 이후에도 시간을 보낼 수 있는 장소를 만들면 좋겠다는 생각을 했어요."

유스케 역시 몸을 둘 곳이 없는 생활을 오래 했다.

"고등학교에 들어가기 전까지만 해도, 아침이 좀 힘들 뿐이지 밤에는 잘만 움직일 수 있는데 왜 이렇게까지 힘들게 지내야 하느냐는 심정이었어요. 고등학교는 정시제나 통신교육 등 선택지가 많지만, 중학교까지는 기껏해야 자유학교가 전부거든요. 그 수도 적어서 멀리 다니기 힘든 경우가 많죠. 저희 동호회의 보금자리 지원 활동인 '후키노토 모임'에서는 아이들이 하고 싶은 것을 할 수 있도록 지켜봐주는 일을 해요. 휴대전화만 만지작거리는 아이한테도 뭘 보고 있느냐고 말만 걸 뿐이지 주의를 주지는 않아요. 그렇게만 해도 아이들에게는 어떤 변화가 생기는지, 보호자 분들께서 아이가 좀 더 말을 많이 하게 됐고 혼자 전철도 탈 수 있게 됐다고 하세요."

자원봉사 동호회를 만든 건 과학 동아리 경험 덕분이었다.

"과학 동아리의 이념 중 '아무도 하지 않은 일에 도전한다'가 있었거든요. 복지 분야에서 그걸 실천하고 싶었어요. 기립성 조절 장애 어린이가 있을 곳을 마련해주는 일은 지금까지 없었으니까 어쨌든 해보자는 마음이었지요. 과학 동아리 활동 덕분에 남들 앞에서 이야기를 하는 데 별 어려움을 느끼지 못했습니다. 분야는 달라도 과학부에서 배웠던 걸 많이 활용하고 있는 것 같아요. 지금은 후배에게 대표 자리를 넘겼지만, 단순 동호회에서 정식 동아리로 승격해서 이제는 30명 이상의 후배들이 가입해 있어요."

적은 예산으로 얻은 성과

가스가오카고등학교 정시제 과학 동아리의 창립부터 10년 이상이 지났다. 그사이에 히사요시 씨는 오테마에고등학교 정시제로, 에스가 씨는 오사카부립 쓰키노키고등학교로, 다니구치 씨는 오사카부립 이마미야공과고등학교 정시제로 전근을 갔다. 과학 동아리 고문선생님들은 흩어졌으나 각각의 과학부가 서로 연계하여 공동 실험을 진행한다. 현재 가스가오카고등학교 정시제의 과학 동아리 고문을 맡은 이는 이 학교 과학 동아리 출신 졸업생이자 국어교사가 된 이치키 유카 씨다.

가스가오카고 정시제를 비롯하여 오테마에고 정시제 및 이마미야공고 정시제 등 세 학교는 2020년 12월 온라인으로 개최된 제18회 고등학교 및 고등전문학교 학생 과학기술 챌린지에서 최고상인 문부과학대신상을 수상하는 영예를 안았다. 이 상을 타면 '과학올림픽'이라고 불리는 국제과학기술경진대회ISEF에 참가할 수 있는 자격이 주어진다. 정시제 고등학교의 과학 동아리가 세계로 이어지는 문을 두드린 것이다.

이들 세 학교의 정시제 고등학교야말로 슈퍼사이언스하

이스쿨에 선정되어야 하지 않을까. 유스케는 말한다.

"돈이 없으니 더 머리를 써야 해요. 우주항공연구개발기구JAXA도 NASA의 10분의 1 예산으로 '하야부사'나 '하야부사 2호' 미션을 성공시켰잖아요. 적은 예산이나마 정말 좋은 것을 만들고 싶다는 마음만큼은 JAXA나 저희나 똑같아요. 그런 점은 다른 고등학교와 차이가 나는 부분일지도 모르겠네요. 자금이 부족한 만큼 방법을 더욱 열심히 찾아야 했으니까요."

그들의 학교만큼 '슈퍼'하게 '사이언스' 정신을 재현한 '하이스쿨'은 없을 것이다.

칼럼 01

슈퍼사이언스하이스쿨이란?

이 책에 등장하는 청소년들 중 대부분은 문부과학성이 지정하는 슈퍼사이언스하이스쿨SSH의 학생들(혹은 그 졸업생들)이다.

SSH 사업은 2002년에 시작됐다. 목표는 과학기술 분야에서 국제적 활약을 하는 인재를 키우는 것이다. 정부의 지정을 받은 고등학교 및 중고일관교는 기존 과목에 끼워넣지 않고 따로 커리큘럼을 편성할 수 있다. 예를 들어서 1학년에 가설을 세우면서 실험이나 관찰을 통해 가설 검증을 하는 등 과학적 방법을 배운다. 그리고 각자 어떤 과제를 진행하고 있는지 대화하거나 학교 선배들로부터 과거의 과제 탐구 사례를 듣고 연구 진행법을 예행 연습하는 식으로 공부한다. 2학년부터는 본격적으로 과제를 탐구할 과목을 배우게 된다.

지정 기한은 원칙적으로 5년이다. 지원 금액은 첫해에 1200만 엔, 2~3년까지는 1천만 엔, 4~5년까지는 750만 엔이며, 이 기간에 문부과학성에 의해 성과가 인정되면 지정을 갱신하는 것도 가능하다. 국공립과 시립을 합해 전국 약 5천 개의 고등학교 중 2022년도에 지정된 학교 수는 217개교다.

지정된 학교는 할당된 예산을 실험 기구 구입이나 학교 외 전문가에 의한 학생 지도 경비로 쓸 수 있다(문부과학성이 관리하는 국립연구개발법인 과학기술진흥기구가 경비 등을 지원한다). 예전에 SSH 지정 학교를 견학하며 원심분리기, 인큐베이터(항온배양기) 등 일반적인 고등학교 과학실에서 구비하기 힘든 고도의 정밀 실험 장치를 갖춘 모습을 여러 번 보았다. 학교 내 게시판에도 과학 분야의 최전선에서 활약하는 연구자들의 특별강의나 강연회, 국내 유수의 연구 시설 견학 모임 일정이 다수 안내되어 있었다.

대학에 입학하기도 전에 대학 수준의 실험 장치를 다루는 데 익숙해지고, 전문 연구자와 깊은 교류를 나누며 지도를 받으면 그 학생이 미래에 연구자가 되고자 할 때 분명 도움이 될 것이다. 이 책에 등장하는 청소년들을 포함해 취재로 만난 SSH 학생들은 모두 의욕적인 자세, 두려움 없이 전문가에게 의견을 구하는 습관 등 연구자에게 필요한 자질을 이미 갖추고 있었다.

한편으로는 교육 자원의 '선택과 집중'에 대한 염려도 있다. 국립천문대 천문정보센터의 아가타 히데히코 씨는 이렇게 지적한다. "일부 고등학교에 학교당 3천만 엔이 넘는 투자를 할 바에야 전국에 있는 과학관이나 박물관을 더 충실하게 다져두는 게 좋지 않을까요? SSH 지정교 옆의 고등학교에도 과학을 좋아하는 학생들은 얼마든지 있으니까요."(〈집중보다

도 기회 균등을〉, 《아사히신문》 2007년 7월 1일 자)

이 책에서 소개한 가스가오카고등학교 정시제의 과학 동아리나 그 흐름을 따르는 오사카의 오테마에고등학교, 이마미야공과고등학교 정시제의 과학 동아리는 SSH 학생들의 자유연구에 뒤처지지 않는 성과를 올리고 있으나 그만큼 넉넉한 예산을 지원받는 상황이 아니다. 동아리의 고문선생님들은 연구활동 자금 조달 때문에 늘 고민한다.

예산에는 제한이 있으니 요구하는 대로 돈을 줄 수는 없더라도 폭넓은 관심이 필요하다.

게임 속 생물이 궁금해?

유튜브에서 게임 실황을 중계하는 연구자

6

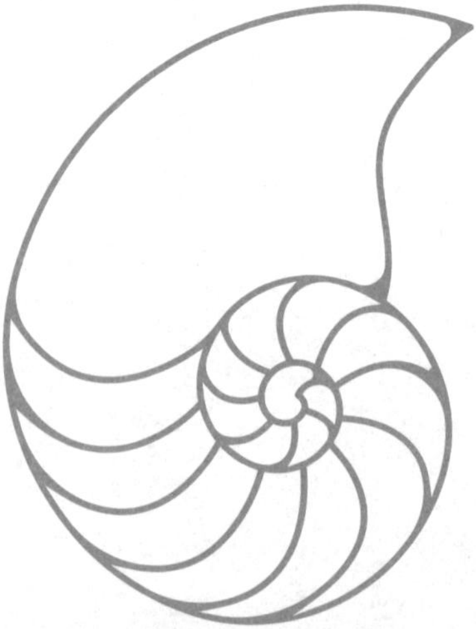

유튜브의 '유루후와 생물학 채널ゆるふわ生物学チャンネル'은 〈모여라, 동물의 숲〉 〈피크민 3 디럭스〉 등 비디오게임 플레이 동영상을 주로 업로드하는 게임 실황 채널이다. 2020년 8월에 첫 번째 영상을 올린 이후 계속 콘텐츠를 늘려 이제 영상이 100편도 넘는다. 채널 구독자 수는 2022년 3월에 3만 명을 돌파했다.

여러 게임 실황 채널 중에서 이 채널이 인기를 얻는 이유는 현역 생물학자들이 게임을 플레이하면서 생물학 지식을 곳곳에서 선보이기 때문이다. 이 채널 운영자 중 한 명이자 '미카밍'이라는 아이디를 가진 미카미 도모유키는 도쿄대 대학원 이학계 연구과 생물과학 전공 박사과정생이다(2022년 4월부터는 국립과학박물관의 일본학술진흥회 특별연구원).

'유루후와 생물학 채널'을 개설한 이유

"연구자가 어떤 사람인지 일반인들에게 알릴 필요가 있다고 생각해서 친구들과 함께 유튜브 채널을 만들었어요. 게임에 등장하는 동물이나 가공의 생물에 대해, 혹은 만약 이런 게 실재한다면 어떤 생태를 갖고 있을지 등을 진지하게 고찰하지요. 과학자는 이런 식으로 생각한다는 걸 전할 수 있으면 참 좋을 것 같습니다." (도모유키)

2020년 10월 20일에 업로드된 동영상 '〈FGO〉 제2부 후기 오프닝 장면에 4초만 잠깐 나온 이형 암모나이트를 연구자가 해설해봤다(전편)'을 예로 들어보겠다. 여기서는 〈FGO〉(Fate/Grand Order)라는 게임을 언급하고 있다. 이 게임은 플레이어가 역사상 유명한 인물을 '서번트'로 거느리고 인류사를 지키기 위한 여행을 해나가는 장대한 스토리의 스마트폰용 RPG(롤플레잉 게임)이다. 그런데 이 채널 운영자들은 그러한 스토리는 제외하고, 오프닝 영상에 겨우 4초만 등장한 '니포나이트'라는 종류의 암모나이트에 대해 열심히 설명한다.

여기서 강의를 맡은 이가 바로 자칭 화석 마니아이자 대학원에서 고생물학을 연구하는 도모유키다. 도모유키는 오프닝 영상 속 니포나이트에 대해 '그림이 굉장히 정교하다'고 느낀 이유를 이렇게 설명한다.

"니포나이트를 그려본 사람은 알겠지만, 이게 묘사가 상당히 어려워요. 사람의 눈으로는 그냥 불규칙하게만 보이겠지만, 사실은 매우 규칙적이어서 조금이라도 잘못 그리면 그걸 아는 사람은 위화감을 갖게 되거든요. 모르는 사람은 뭐가 차이인지 잘 눈치 채지 못하지만요. (…) 고생물 도감 등에 실린 니포나이트의 복원도는 제가 보기에 '이렇게 생기는 건 말이 안 되지!'라는 생각이 들 정도로 징그러운 모양새를 할 때가 많아요. 솔직히 납득할 만큼 잘된 복원도가 별로 없어요. 그런데 〈FGO〉 속 니포나이트는 상당히 잘 표현되어 있어서 깜짝 놀랐습니다."

특히 그가 높이 평가하는 부분은 껍질 표면에 힘줄처럼 튀어나온 '늑골'이 정확히 그려져 있다는 점, 그리고 연체부(촉수 등의 부드러운 곳) 묘사가 새로운 학설을 따르고 있다는 점이다. 그는 '이런 퀄리티의 그림은 도감에서도 못 봤다'고 한다. 그러면서 암모나이트와 비슷한 모양새인 앵무조개보다도 진화계통수 상에서는 오징어나 문어와 가까운 종이라는 점, 그리고 세계의 어디에서 어떤 암모나이트 화석이 발견되고 있는지를 해설한다. 한편 오프닝 영상 속 암모나이트는 껍질이 감긴 방식이나 늑골의 기울기가 실물과 미묘하게 다르다며 결점을 언급하기도 했다.

공룡에서 고생물학으로

도모유키는 1993년에 태어나 초등학교를 졸업할 때까지 히로시마시에서 살았다. 유소년기에는 공룡을 매우 좋아했다고 한다.

"초등학교에 입학하기 전부터 공룡이 좋아서 자주 도감을 읽곤 했어요. 도쿄에 사는 친척 집에 놀러 갔을 때 공룡박람회에 가서 그 도록도 몇 번이나 읽었고요. 공룡을 좋아하게 된 계기는 잘 모르겠지만, 그냥 멋지고 강해 보이니까 좋다는 어린아이다운 관심이었을 거예요. 초등학교 1학년 즈음에는 고생물학자가 되고 싶다고 했지요."

공룡이나 암모나이트 등 오래전 지구상에 존재했던 생물을 연구하는 것이 고생물학자다. 초등학교 1학년이 그런 목표를 잡다니, 너무 이른 듯한데……

"공룡을 좋아하는 소년이 은근히 많으니 초등학교 저학년 때부터 고생물학자가 되고 싶다는 아이들도 제법 있지 않을까요? 다만 그 꿈이 20년 후에도 변하지 않는 사람은 드물겠지만요(웃음)."

그는 고학년에 들어서면서 공룡에서 다른 것으로 관심이 옮겨갔다.

"초등학교 5학년 때 담임선생님이 야마구치현에서 화석이 잘 발굴되는 장소를 알려주셨어요. 공룡을 좋아하니 화석도 좋아할 거라고 생각하셨던 거지요. 그래서 처음으로 화석 발굴을 해봤는데, 이게 너무 재밌는 거예요, 그 외에도 화석 산지로 잘 알려진 히로시마현 북쪽의 비호쿠 층군層群이라는 지층도 알게 돼 거기서 활동하는 '쇼바라 화석 집담회'라는 화석 연구그룹에도 끼어보곤 했어요. 히로시마시에서 쇼바라까지 차로 두 시간 거리라 종종 아버지께 데려가달라고 했지요. 1년에 한두 번 정도 비호쿠 층군에 가서 화석 채취에 열중했어요. 화석을 발굴하며 알게 된 건 공룡 화석은 거의 찾기 어렵다는 점이었지요."

공룡도 공룡 이외의 화석도 모두 고생물학에서 다룬다.

그런 의미에서 보자면 도모유키는 공룡에 대한 관심은 잃었어도 고생물학에 대한 흥미는 여전한 것이다.

집 책장에 가득 꽂힌 생물학 책

도모유키는 화석 발굴 작업을 '보물찾기'에 비유한다.

"지금 돌이켜보면 당시 특별한 어떤 화석을 찾은 건 아니었고 채집하는 행위가 그저 재미있었어요. 천만 년도 더 전의 옛날 것을 내가 채취하려 노력하고 있다는 감동이 있었지요. 쇼바라 화석 집담회 사람들로부터 채집 방법을 배우기도 하고, 발굴한 화석에 대해 설명을 듣기도 했습니다."

화석 산지까지 아들을 데려갔던 도모유키의 아버지는 고등학교 생물학 교사였다. 그래서 집 안 책장에는 생물학 책이 잔뜩 꽂혀 있었다.

"초등학생 시절 책장에서 고등학교 생물 자료집 등을 꺼내 넘겨보곤 했어요. 집에 그냥 있는 것들이라 자연히 관심을 가지게 된 거지요. 아버지가 저한테 생물 공부를 하라고 한 것도 아니었어요. 다만 아버지가 지역에 있는 히로시마시 어린이문화과학관 같은 곳에 자주 절 데려가셨죠. 과학교실에 참가해서 과학놀이 등을 하곤 했습니다."

화석 발굴 이외에 초등학교 합창부에서 노래를 하는 등 활발한 나날을 보냈지만, 초등학교 5~6학년 때 도모유키가 가장 많은 시간을 할애한 것은 입시 공부였다. 학원 강사로부터 추천받은 가고시마 시내 명문 사립 중고일관교인 '라살학원'에 입학하기 위해서다. 주인공이 기숙사에서 친구들과 함께 지내며 마법을 배우는 이야기 '해리포터 시리즈'를 읽고서 기숙사 생활을 해보고 싶다는 마음 때문이었단다. 2006년 원하는 학교에 무사히 합격했다. 그리고 히로시마에 있는 부모님 곁을 떠나 가고시마로 갔다.

그토록 동경하던 기숙사 생활은 무척 심심했다. 화석 발굴을 하러 가고 싶어도 산지도 가깝지 않고 차로 데려다주던 아버지와 이제 같이 살지 않았다. 중학생 혼자 멀리 나가는 것도 저어됐다. 생물 동아리에 들어갔지만 그다지 활발한 활동 없이 그냥 오가는 수준이었다.

국제생물학올림픽을 목표로 하다

그러던 어느 날, 아버지가 고등학생 대상 생물학 경진대회인

'국제생물학올림픽'이 있다는 걸 알려주셨다. 중학교 2학년 때였다.

"그냥 게으르게 지내는 것보다 유의미하게 시간을 활용하고 싶어서 국제생물학올림픽을 목표로 공부를 시작했어요. 나중에 고생물학자가 될 때 도움이 될 거라는 계산과 함께, 해외로도 나갈 수 있으리라는 점에 매력을 느꼈지요. 그때까지 해외여행을 해본 적이 한 번도 없었거든요."

국제생물학올림픽에 출전하려면 우선 일본생물학올림픽 예선과 본선을 뚫고, 거기서 대표선발시험을 거쳐 일본 대표로 선정되어야 한다. 참가자는 매년 약 5천 명 정도로 그중에서 단 네 명만 국제대회에 나간다. 세포생물학·생리학·생태학·유전학·진화학 등 폭넓은 생물학 분야 지식과 이해력·응용력·고찰력 등을 시험하는 문제가 출제된다. 필기시험 외에도 생물을 해부하거나 샘플을 관찰하는 등의 실험 문제도 있다. 대학 수준의 생물학 지식이 요구되며, 난이도는 대학원 입학시험 수준이다.

"국제생물학올림픽에서는 《캠벨 생물학》이라는 대학생용 교과서가 추천돼요. 무려 1500페이지나 되는데, 각국 대표들은 모두 이걸 공부하고 있어요. 생물학의 성서라는 뜻에서 '캠바이블'이라고 불리지요(웃음). 저는 중학교 2학년 때 고등학교 생물을 한차례 배우고, 중학교 3학년 때부터 캠벨 공부를 하기 시작했어요. 전부 싹 암기하자는 마음으로 읽었어요."

중학교 3학년 때 처음으로 예선에 참가하여 일본 대회에는 진출했지만, 일본 대표 후보는 되지 못했다. 그렇다고 감당 못 할 정도라고 여기지는 않았다. 오히려 고등학교 수준의 생물학 지식은 확실히 익혔다는 느낌에 안도했다. '캠바이블'이 너덜너덜해질 때까지 몇 번이나 읽은 덕분에 이듬해 재도전하여 예선, 본선, 그리고 대표선발시험까지 합격했다.

"일본 대표로 선발되면 국제대회를 위해 각 대학에서 실험 등의 지도를 받는 특별 교육에 참여하게 됩니다. 고등학교 과학실에는 비치돼 있지 않은 고도의 실험기구를 대학에서 연습해야 국제대회의 실험 문제에 대응할 수 있기 때문이지요. 제 경우 가고시마대학, 기초생물학연구소(아이치현), 오차노미즈여자대학교(도쿄) 등에 계신 교수님들의 지도를 받았습니다."

스포츠의 축제라고 할 수 있는 올림픽에 필요한 강화 훈련 프로그램이 생물학판 올림픽에도 있었던 것이다.

2년 연속 은메달과 평생의 동료

고등학교 2학년이 된 도모유키는 2010년 국제생물학올림픽 한국 대회에 참가해 멋지게 은메달을 거머쥐었다. 그리고 이듬해에는 대만 대회에도 출전하여 2년 연속 은메달의 영예를 안았다(현재는 규정이 바뀌어 국제대회 출전 경험자는 다시 참가할 수 없다). 필기 문제와 실험 문제를 채점해 참가자 이백수십 명 중 약 20퍼센트에게만 은메달이 주어진다. 문제는 모두 각국의 언어로 번역되어 출제된다.

재도전으로도 금메달을 따지 못해 다소 억울했지만, 수확은 있었다. 평생의 동료가 생겼다는 점이다. 초등학생 시절에는 화석 발굴에 열중하고, 고생물의 이름도 많이 외웠지만 거기에 관심을 보이는 친구가 주변에 없었다. 화석 발굴을 취미로 하는 사람들이 모인 쇼바라 화석 집담회에도 또래는 없었다. 명문교 라살에서도 화석을 좋아하는 친구나 대학생 수준의 생물학 교과서를 읽는 동급생은 보이지 않았다.

그러나 생물학올림픽에는 자신과 비슷한 수준, 혹은 그 이상으로 생물학 지식을 가진 동료들이 있었다. 국제대회까지 1년에 걸쳐 이루어지는 특별교육 중이나 대회 개최 기간에 함께 먹고 자면서 대표 학생끼리 친목을 다졌다. 여기서 알게 된 고등학생들과 훗날 시작한 것이 바로 앞서 소개했던 유튜브의 '유루후와 생물학 채널'이다.

"도모유키는 채집한 화석 무게 때문에 사는 집 바닥이 꺼질 정도였다고 했어요. 세상 사람들의 눈에는 괴짜로 보여도 생물학에 특별한 관심을 가진 그런 인재를 발굴해내는 것이 생물학올림픽의 목표지요." 그렇게 말하는 이는 도쿄이과대학 교수인 마쓰다 료이치 씨다. 마쓰다 씨는 2018년부터 국제생물학올림픽 의장을 맡고 있다.

"국제생물학올림픽은 1990년에 시작됐는데, 일본이 가입하고 대표선수를 내보내기 시작한 건 2005년부터였습니다. 2003년부터는 국제화학올림픽, 2006년부터는 국제물리올림픽에도 참가하기 시작했지요. 스포츠 분야는 청소년 선수들이 참가하는 국제대회가 참 많습니다. 과학 분야에서도 청소년을 위한 올림픽이 활성화해서 두각을 드러내는 젊은이들에게 힘을 실어줄 필요가 있다고 봅니다."

도모유키도 이 젊은이들을 위한 생물학 축제에서 큰 힘을 얻은 사람 중 한 명이었다.

2012년 도모유키는 도쿄대 교양학부 이과 2류(도쿄대의 이과 계열은 1류, 2류, 3류로 나뉘는데, 2류에서는 주로 생물학·화학·물리학 등을 중심으로 생명과학·물질과학·수리과학의 기초를 배운다—옮긴이)에 입학했다가 2014년 이학부 생물정보과학과로 진학했다(도쿄대에서는 2학년 때까지는 모두 교양학부에서 교양 교육을 배우고 3학년부터 전공 과정에 들어간다).

화석보다는 진화생물학

생물정보과학과는 비교적 새로 생긴 학과인데, 그 이름대로 생물학과 정보과학을 융합한 분야의 학과로 2007년에 설립됐다. 생물정보과학은 게놈이나 단백질 등의 생체물질을 정보의 운반체로 보고, 이를 분석하여 잘 알려지지 않은 기능을 해명하는 것 등을 목표로 하는 분야로 흔히 '바이오인포매틱스'라고 부른다. 도쿄대에서 화석 연구는 이학부 지구혹성환경학과에서 이루어지는데 도모유키는 왜 생물정보학과로 진학한 걸까?

"국제생물학올림픽에 출전하기 위해 생물학을 본격적으로 공부하면서 화석을 중심으로 연구하고 싶다는 마음이 좀 줄었어요. 화석보다 진화생물학을 공부하고 싶다는 욕구가 생겨났지요."

진화생물학이란 이름 그대로 생물의 진화를 다루는 학문이다. 진화를 뒷받침해주는 근거인 화석이 진화생물학에서 중요한 역할을 맡고 있음은 틀림없다. 그러나 화석만으로 진화의 비밀을 풀기는 어렵다. 다윈은 자연선택에 의해 진화가 일어났다고 설명하는데, 생물이 가진 다양한 형태와 복잡하고 정밀한 짜임새는 대체 어떻게 생겨난 것일까? 화석에 관한 지식만 쌓아서는 대답할 길이 없는 의문이다.

인생에서 제일 큰 영향을 준 책

도모유키가 생물 진화 쪽에 관심을 갖게 된 건 어떤 책 때문이었다고 한다.

"나일스 엘드리지Niles Eldredge의 《울트라 다위니스트들에게 고생물학자가 들려주는 진화론》(*Reinventing Darwin: the Great Debate at the High Table of Evolutionary Theory*)이었어요. 중학교 3학년 때 학교 도서관에서 이 책을 읽고 큰 감명을 받았지요. '내가 알고 싶었던 게 바로 이거다! '하는 생각이 들었어요. 이런 걸 연구해보고 싶다는 마음이었지요. 인생에서 제일 큰 영향을 준 책이에요."

나도 그 책을 읽어봤다. 10대 시절의 도모유키가 감명을 받았다는 그 책은 40대 후반에다 나름대로 독서 경험도 풍부하다고 자부하는 아저씨에게도 어려워, 전반부는 내용을 따라가는 것조차 힘들었다. 마치 원서가 간행된 1990년대 당시의 열띤 논쟁 한가운데에 내던져진 듯 정신이 하나도 없었다.

중반을 넘어가면 저자의 메시지가 또렷해진다. 쉽게 말해서, 그때까지 정설이었던 '진화는 단조로운 페이스로 조금씩 진행된다'는 생각은 잘못된 것이고, 거의 변화하지 않는 시기가 길게 이어지다가 어떤 짧은 순간에 극적으로 변화한다는 것이다. 이는 진화 과정에 거의 변화하지 않는 평형 상태가 단속적으로 존재한다는 뜻으로, '단속평형설'이라고 부른다. 저자인 엘드리지는 《원더풀 라이프》(*Wonderful Life: The Burgess Shale and the Nature of History*)로 널리 알려진 스티븐 제이 굴드와 함께 이 주장을 1972년에 논문으로 발표하여 학계에 큰 돌풍을 일으켰다. 그 돌풍으로 인한 혼란과 열광적인 반응이 《울트라 다위니스트들에게》에 고스란히 담겨 있어서, 이 경위에 대해 잘 모르는 사람은 이해하기 어렵지만 어느 정도 지식이 있는 사람이라면 곳곳에서 무릎을 치게 될 것이다. 도모유키는 고등학교 수준의 생물을 완전히 익힌 뒤 읽었다고 한다.

화석은 진화를 설명하는 소재 중 하나

"이 책은 지금 현존하는 현생 생물만 연구하는 연구자들이 진화에 대해 다 안다고 말하지만 사실은 전혀 알지 못하는 게 아닌가, 화석을 보면 통설의 진화생물학으로는 설명할 수 없는 부분이 많다고 주장하고 있어요. 그런 의미에서 상당히 공격적인 책이지요. 이걸 읽고 화석은 진화를 설명하는 소재 중 하나일 뿐이라는 생각을 하게 됐어요. 그렇지만 화석에 완전히 흥미가 사라진 건 아니고, 화석 발굴 자체는 좋아해서 고등학생 때는 친구들과 함께 멀리 있는 화석 산지에 갔었지요. 그리고 채집 능력 향상에 도움이 될 것 같아 산악 동아리에 들어가기도 했어요. 산악 동아리에서는 기리시마나 야쿠시마에 있는 산을 올랐어요. 지형도 읽는 법을 배울 수 있게 된 것도 전부 산악부 경험 덕분이에요."

도모유키는 중·고등학교 시절 화석에서 생물 진화로 관

심 분야를 옮기고, 대학에서는 생물학과 정보과학을 융합하는 학과로 진학했다.

"진화의 비밀을 풀려면 여러 종의 생물을 비교해서 데이터를 모으고 해석해야 해요. 지금은 그런 데이터를 모으기 쉬운 시대지요. 다만 방대한 데이터를 해석할 때 컴퓨터를 이용하지 않으면 연구가 전혀 진척되지 않아요. 진화를 연구하려면 인포매틱스(정보과학)가 필수라고 생각해서 이 학과를 선택했습니다."

원래 화학 반응이나 생체 반응 등을 수식으로 드러내 컴퓨터상에서 다양한 현상을 재현하는 시뮬레이션에 관심이 있었다고 한다. 고등학교 3학년이었던 2011년에는 고등학생 과학기술 챌린지(현재는 고등학교 및 고등 전문학교 학생 과학기술 챌린지)에서 'PCR에 의한 DNA 증폭 모델화 연구'라는 주제로 응모하여 심사위원 장려상을 받았다. PCR이란 바이러스 유전자 등 특정 DNA를 대량으로 늘리는 기술인데, 신종 코로나바이러스 유행으로 이제 매우 친근한 단어가 됐다. 도모유키는 PCR 과정을 시뮬레이션으로 재현했다.

"저는 유전자 하나하나의 움직임을 세부적으로 조사하는 것보다는 여러 유전자가 전체적인 네트워크로 어떻게 작동하는지를 알고 싶어요. 생물을 시스템으로 보는 '시스템 생물학'이라는 분야에 관심이 있거든요."

학부 4학년과 대학원 석사 과정을 거치면서 도모유키는 생물의 형태가 어떻게 진화했는지 설명하고 한 가설을 검증하기 위한 새로운 통계 방법을 연구·개발하는 데 매진해왔다.

뭐든 즐거운 일을 해보자

컴퓨터 화면과 눈싸움을 하면서 통계학과 격투를 벌이던 중 도모유키는 다시금 화석의 매력을 깨달았다. 이후 현장 조사로 화석 발굴을 위해 나가는 한편 박물관에 보관된 화석을 3D 스캔하여 생물 진화 과정의 비밀을 푸는 연구를 하는 중이다.

"화석을 만지고 있으면 참 즐거워요. 뭐든지 즐거운 일을 해보자는 생각을 하게 됐지요."

화석에서 잠시 거리를 뒀다가 다시 화석으로 돌아갔지만, 전과는 달리 지금은 생물학에 대한 폭넓은 지식과 정보과학을 익힌 상태다. 그게 바로 도모유키의 강점이다.

"예를 들어 저는 암모나이트에 주목하고 있는데요. 암모나이트의 껍데기 형태나 구조는 매우 다양하고 복잡하거든요. 어떠한 메커니즘으로 이런 복잡한 모양새를 취하게 됐는지, 시뮬레이션으로 화석 기록을 재현하면 분명 재미있을 거예요. 최근에는 다시 엘드리지의《울트라 다위니스트들에게》를 읽고 있는데, 다시금 제가 하고 싶은 연구는 바로 이거라는 생각을 하게 됐습니다. 화석을 보지 않으면 알 수 없는 기나긴 시간의 스케일 속에서 일어나는 진화를 관찰해 그걸 이해하는 것이 제 인생 과제라고 봐요."

그는 이형 암모나이트 껍데기가 그렇게나 복잡하게 휜 것도 당시 환경에 적응한 형태가 남은 것이라 추측하고 있다. 아무리 기괴한 형태라도 하나의 껍데기로 이어진 이형 암모나이트처럼, 도모유키가 나아가는 연구자의 길 역시 이리저리 굴곡이 져 있다 해도 끊기거나 갈라지는 일 없이 계속 이어질 것이다.

누룩곰팡이가 세계에 진출할 수 있을까?

도쿄대 이학부에서 컨설턴트로 전향한 회사원

7

가와사키시에 사는 야마모토 미유는 2020년 도쿄대를 졸업하고 노무라종합연구소(이하 NRI)에 입사했다. 온라인으로 실시한 신입사원 연수 등을 거쳐 2022년부터 산업 연계나 이노베이션 정책을 지원하는 부서에 배치됐다.

NRI는 민간 기업이나 관공서에 조사 및 컨설팅, 솔루션을 제공하는 업무를 한다. 최근에는 NRI가 아니더라도 컨설팅이 인기 직종이어서 도쿄대 졸업생들의 직장으로는 결코 나쁘지 않은 곳이다. 그러나 미유처럼 이학부 출신에다 지구혹성환경학과에서 심해 미생물을 연구한 경력을 가진 경영 컨설턴트는 매우 이례적인 케이스다.

도쿄대 이학부 학생의 90퍼센트 정도는 대학원에 진학하고, 그중 약 30퍼센트는 박사과정까지 나아가 장래에 대학이나 민간기업의 연구자가 된다. 특히 미유는 고등학생 때부터 독자적인 연구를 하여 그 성과가 일본 유수의 과학경진대회에서 높은 평가를 받았을 뿐만 아니라, 도쿄대에서도 두 곳의 연구실에서 미생물 연구를 했다. 그런데 왜 과학연구와 가장 거리가 멀어 보이는 사업의 세계에 발을 들인 것일까?

누룩곰팡이는 왜 원을 그릴까?

이에 대해서는 나중에 이야기하도록 하고, 우선 미유의 고등학교 시절 연구를 소개하고자 한다. 그 연구 대상은 바로 누룩곰팡이다.

누룩곰팡이는 간장, 된장, 일본주 등 일본 음식의 기본 조미료를 만드는 데 필수적인 미생물이다. 찐 쌀과 콩 등에 그 포자가 붙으면 포자에서 실 형태의 균사가 가지처럼 뻗어나온다. 균사의 끝에 새로운 포자가 무수히 만들어져서 다른 쌀알이나 콩에 옮겨가 또 균사를 뻗는다. 그러는 동시에 효소의 작용으로 쌀이나 콩의 성분을 분해한다.

그렇게 전분에서 포도당이, 단백질에서 아미노산이 생성

된다. 포도당은 단맛, 아미노산의 일부는 감칠맛을 내는 근원이다. 이게 바로 발효다. 나는 소금 누룩을 늘 냉장고에 두고 닭고기와 돼지고기에 밑간할 때 뿌린다. 잠시 여기에 재워두면 발효가 되어 값싼 고기가 마법처럼 매우 맛있어진다. 인간을 기쁘게 하려 존재하는 건가 의심이 들 정도로 누룩곰팡이는 참으로 신기한 생물이다(물론 누룩곰팡이는 단순히 살아남기 위해 주변 환경에서 영양분을 얻는 것뿐이다).

누룩곰팡이는 온난습윤한 기후를 좋아한다. 그런 땅에 쌀을 쪄서 먹는 문화를 가진 사람들이 살아왔다. 만약 누룩곰팡이에게 감정이 있다면, 조몬 시대나 야요이 시대 사람이 찐 쌀이 밥그릇 바닥에 그냥 방치된 걸 보고 기뻐 날뛸지도 모른다. 찐 쌀은 풍부한 영양분과 적절한 수분을 제공해주기 때문이다.

일본인은 예부터 그 실상을 모르는 채로 누룩곰팡이를 이용해왔다. 무로마치 시대에는 누룩곰팡이를 키우는 데 나무를 태운 재를 이용해서 해로운 박테리아 등의 번식을 억제하면서, '우종법'(友種法, 우연히 생긴 질 좋은 누룩을 남겨두고 다음에 쓸 씨앗으로 이용하는 방법)으로 우량한 것을 선별했다. 그 포자를 전국의 양조장에 판매하는 전문업자까지 등장했다. 당

시 미생물 그 자체를 상품으로 취급하는 업종은 세계에서도 거의 예가 없었으니, 이는 다시 말해 가장 오래된 바이오 비즈니스라고 할 만하다. 누룩 포자는 거기서 싹이 나오는 것처럼 보이는 모습 때문에 '모에루萌える' '모야스萌やす'('모에루'와 '모야스'는 모두 '싹이 트다'라는 뜻을 가지고 있다—옮긴이)라는 말로부터 '모야시'라는 단어가 됐고, 그 모야시를 파는 업자를 '모야시야もやし屋'라고 불렀다.

누룩곰팡이 연구가 본격적으로 시작된 것은 메이지 시대였는데, 샬레에서 배양하니 포자가 신기하게 퍼지는 것이 연구자들 사이에 알려졌다. 배양을 개시했을 때의 포자가 한 개든 두 개든 세 개든, 며칠이 지나면 균사가 만드는 윤곽이 깔끔한 원형에 가까워졌던 것이다.

누룩곰팡이 포자 한 개에서 시작해서 균사가 사방팔방으로 균등하게 뻗어나가 원형을 이룬다면 이상할 게 없다. 그런데 여러 포자에서 시작하더라도 최종적으로는 하나의 원형을 이루는 패턴이 되었다. 그 원은 중심을 공유하면서 크기가 다른 원을 만들곤 했다. 마치 나무의 나이테처럼 짙고 옅음이 다른 동심원 모양이 나타나는 것이다.

'왜 그런 현상이 생기는 걸까?'라는 의문을 품는 사람이

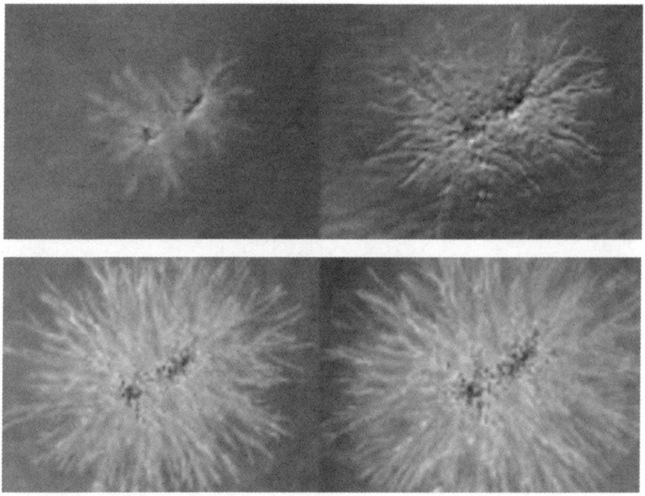

누룩곰팡이가 원형으로 퍼지는 모습.
참고: 야마모토 미유, 〈와와와: 배양지에서 보이는 누룩곰팡이의 군집 형성〉

있을지도 모른다. 누룩곰팡이를 배양했을 때 생기는 균의 군집 모양과 양조가가 기뻐할 만한 질 좋은 누룩 번식에 대한 상관관계를 생각하면서 말이다. 7년 전, 미유는 그 수수께끼를 푸는 도전을 했다.

만화에서 연구 주제를 착안하다

미유는 당시 인기 있던 만화 《모야시몬》(이시카와 마사유키)을 읽고 누룩곰팡이에 관심을 갖게 됐다. 누룩을 파는 장사꾼의 아들이자 눈으로 직접 균을 보고 잡을 수 있는 특수한 능력을 가진 대학생이 주인공인 만화로, 2007년과 2012년에 애니메이션으로 방영됐다.

미유는 고등학교 2학년이던 2014년, 선배가 배양하는 누룩곰팡이 샬레를 우연히 보고 '대체 왜 이런 형태의 군집이 형성되는 걸까' 하는 의문을 품었다. 문헌을 조사해봐도, 누룩곰팡이의 군집이 원형으로 퍼져 동심원 형태를 만드는 원리를 해명한 선행연구는 전혀 찾아볼 수가 없었다.

미유가 다니던 요코하마시립 요코하마 사이언스프런티어 고등학교(이하 YSFH)는 그 이름만 봐도 알 수 있듯 과학 중심의 교육과정을 갖추고 있다. 학생들은 1학년 때 과학 현상에 대한 시각과 탐구활동의 기초를 배우고, 2학년부터는 과제 연구에 들어간다. 미유는 누룩곰팡이를 배양했을 때 형성된 군집의 모양을 연구 주제로 잡았다. 연구를 어떻게 진행했을까?

“처음에는 ‘왜?’라고 생각하는 의문점들을 다 적어보고 선생님의 조언을 들으면서, 그런 의문을 확인하기 위해 어떤 실험을 하면 좋을지 정했습니다. 그리고 실험의 각 작업에 어느 정도의 시간이 필요한지 예상해봤어요. 예를 들어 제가 학교에 있을 때 배양이 끝나도록 조정해서, 그 스케줄을 수첩에 적어놓고 실험을 시작했지요.”

누룩곰팡이 실험

최초의 의문인 ‘누룩곰팡이는 왜 원형으로 퍼지는가’에 대해 다음과 같이 실험을 진행했다.

미리 양분이 되는 한천 배양지를 깐 샬레 중심 부분에 누룩곰팡이 포자를 뿌린다. 수작업으로 한 개 두 개, 목표한 개수를 뿌리는 것은 매우 어려운 일이었다. 그래서 포자가 포함된 액체를 피펫(소량의 액체를 병 등에서 빨아들여 다른 곳에 옮기는 실험 기구)으로 여러 샬레에 한 방울씩 떨어트렸다. 그리고 현미경(위상차현미경)으로 포자의 개수를 확인하여 한 개나 두 개 혹은 세 개의 포자가 뿌려진 샬레를 골라 인큐베이터(온도를 일정하게 유지하는 기능이 있어 주로 미생물 배양에 사용되는 실험 기기)에 넣었다.

어느 정도 누룩곰팡이의 성장이 진행됐을 때 일정한 간격으로 인큐베이터에서 샬레를 꺼내 현미경으로 관찰한 결과, 매우 흥미로운 사실을 알게 됐다.

"포자 한 개에서 시작된 누룩곰팡이가 원형으로 퍼지는 건 예상대로여서 별로 신기할 것도 없었어요. 그런데 두 개에서 시작되어도 원형으로 퍼졌지요. 관찰해보니 한쪽 포자에서 퍼진 균사와 다른 쪽의 포자에서 뻗어나온 균사가 맞부딪치는 경계 부분에서는 균사가 다른 부분보다 빨리 뻗어나가는 것처럼 보였습니다. 그것도 각 균사가 서로를 피하는 것처럼 뻗는 방향을 바꿨어요."

자동 촬영 시스템을 만들다

그렇다면 누룩곰팡이 군집이 '동심원' 모양의 원을 형성하는 원리는 무엇일까? 실험을 통해 온도와 빛의 조건에 따라 군집에 원이 생긴다는 것을 알아냈다. 온도나 빛의 조건에 변화가 없으면 군집은 똑같이 원형으로 퍼지기만 하고 원은 형성

되지 않지만, 변화가 있으면 원이 생겼다. 게다가 변화 정도가 클수록, 즉 온도 차나 빛의 명암 차이가 클수록 원이 또렷하게 보였다.

미유는 동심원 형태의 패턴이 어떤 식으로 만들어지는지 자세히 조사하기 위해 온도와 빛의 명암을 다양하게 설정해 올렸다 내렸다 하며 누룩곰팡이를 배양했다. 이 과정을 10분마다 일안 리플렉스 카메라로 촬영했다. 직접 10분마다 셔터를 누르려고 손을 뻗는 것이 번거로워 카메라를 잘 아는 동급생의 힘을 빌려 자동 촬영 시스템을 마련했다.

실험 결과, 온도 변화와 빛의 명암 변화에 따라 누룩곰팡이의 성장 속도가 빨라지기도 느려지기도 한다는 사실을 알아냈다. 누룩곰팡이에는 성장하기 좋은 온도 범위와 밝기 범위가 있다. 온도와 밝기가 그 범위 안에 있으면 군집이 퍼지는 속도가 빠르고, 범위에서 벗어나면 속도가 둔해진다. 군집 가운데 성장 속도가 빠른 곳은 색이 옅고, 느리면 진해진다. 이렇게 군집이 원형으로 퍼지면서 진한 부분과 옅은 부분이 교차로 나타나는 패턴, 즉 동심원 모양의 패턴이 만들어졌던 것이다.

미유는 이 연구 결과를 리포트 〈와와와わ和輪: 배양지에

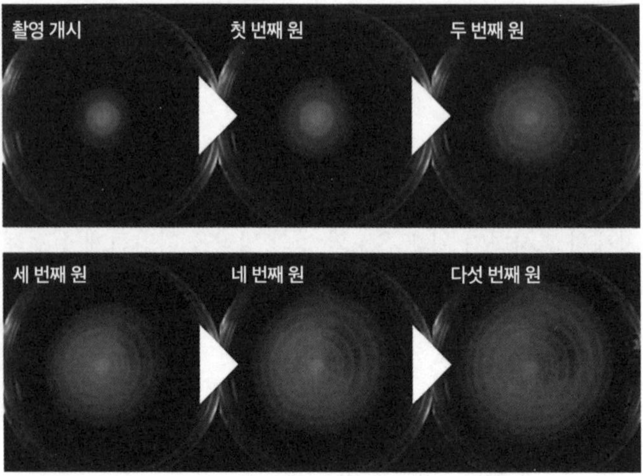

누룩곰팡이가 동심원 모양으로 퍼지는 모습. 야마모토 미유 제공.

서 보이는 누룩곰팡이의 군집 형성〉으로 정리했다. 깜짝 놀라서 외치는 '와わ!', 일본 음식을 뜻하는 '와和', 누룩곰팡이 군집의 형태를 드러내는 '와輪'라는 단어를 조합해 만든 멋진 제목이다.

누룩곰팡이가 세계로?

리포트에는 도쿄대 농학부 미생물학 연구실과의 공동연구

성과로서 누룩곰팡이의 어떤 유전자가 빛의 명암을 감지해서 원의 형성에 관여함을 밝혀냈다고 적혀 있다. 공동연구가 된 이유는 미유가 고등학교 2학년 말에 일본농예화학회가 주최하는 주니어 농예화학회에서 누룩곰팡이 연구에 대해 발표했기 때문이다. 거기에 참가했던 대학 연구자들로부터 공동연구 제안을 받았다. 고등학교 3학년이 된 미유는 봄방학과 여름방학 등 고등학교의 긴 방학 기간을 이용하여 도쿄대 농학부의 야요이 캠퍼스로 가 연구자들의 지도를 받으며 유전자 실험을 했다.

미유는 리포트에 자신의 연구 응용 가능성을 다음과 같이 적었다. "기후와 풍토로 인해 일본에서만 이용된 누룩곰팡이를 환경 제어를 통해 세계 각지에서도 육성할 수 있게 하여, 누룩을 이용한 일본 식품의 매력을 세계에 알릴 수 있을지 모른다."

각각의 토양 환경에 맞춰 온도나 빛 등을 조절하여 누룩곰팡이의 성장을 자유자재로 제어할 수 있다면 얼마든지 누룩곰팡이를 세계에 보급할 수 있다. 코로나 사태 속에서 집밥 수요가 드높아졌고, 감염을 이겨내는 몸으로 가꾸는 데 도움이 된다는 기대로 지금까지 강렬한 냄새 때문에 기피됐던 낫

토나 된장, 간장 등 발효식품을 세계가 주목하고 있다. '왜 이런 형태의 군집이 형성되는 것일까'라는 한 고등학생의 소박한 의문에서 시작한 연구가 누룩의 본격적인 세계 진출 계기가 될지도 모른다.

연구와 입시를 함께

미유의 어머니 도요코 씨는 고등학교 3학년으로 올라가서도 연구를 계속하는 딸을 조금 걱정했다고 한다. 대학입시 때문이었다.

"대입 준비는 하지도 않고 연구에만 몰두하는 바람에 지망 대학에 대해 고민이 많았어요."

그때 두 가지 행운이 겹친 덕분에 앞날에 빛이 들기 시작했다. 첫 번째는 누룩곰팡이 연구로 2015년 8월에 열린 '제5회 고등학생 바이오 서밋 인 쓰루오카'에서 문부과학대신상을 받은 일이다. 또 하나는 같은 해부터 도쿄대에 추천 입학 제도가 생겼다는 점이다. 고등학생 대상의 생명과학 경진대회에서 최고상을 탄 덕분에, 고등학교 재학 중의 연구활동 실적이 평가 항목에 들어가는 도쿄대 추천 입학이 가시권에 들어왔다.

12월에는 과학기술 자유연구 경진대회인 '제13회 고등학생 과학기술 챌린지'에서도 과학기술진흥기구상을 수상했다. 이듬해 3월에는 (주니어 부문이 아닌) 일본농예화학회 2016년도 대회에서 도쿄대 농학부 미생물학 연구실과의 공동연구 성과를 현역 고교생으로서 처음으로 발표한 덕분에 도쿄대 입학에 성공했다. 연구와 대학입시를 모두 해낸 것이라 할 수 있겠다.

도쿄대는 다른 많은 대학과는 달리 일반 입시로 입학한 학생을 대략적으로만 분류한다. 일반 입시 수험생이 전문 학부로 가게 되는 건 3학년 후기 과정부터다. 한편 추천 입시로 입학하는 학생의 경우에는 이미 진학 방향이 정해져 있다. 미유가 선택한 곳은 이학부였다. 공동연구로 관계가 있는 농학부를 선택하지 않은 이유는 생명의 기원을 따라가는 연구를 해보고 싶었기 때문이라고 한다.

책가방을 열어보면 공벌레가 가득

미유가 연구자가 되겠다는 목표를 가진 건 초등학교 5학년 때였다. 여름방학 때 요코스카의 국립연구개발법인 해양연구개발기구JAMSTEC를 견학한 것이 그 계기였다. JAMSTEC에서 주최하는 부모님과 함께 하는 견학투어 이벤트에 참가했다.

미유는 육상생물과 전혀 다른 특징을 가진 다양한 심해생물만이 아니라, 과학기술을 이용해 그 생태를 탐사하고 생명 진화의 비밀에 도전하는 연구자들의 모습에 크게 매료됐다. 그 감동을 전달하는 포스터를 여름방학 활동 기록으로 만들었다. "나도 언젠가 JAMSTEC에서 연구도 하고, 생명 기원을 해명하고 싶다." 그것이 미유의 꿈이 됐다.

어머니인 도요코 씨에 따르면 미유는 어릴 때부터 생물에 관심이 컸다.

"유치원에 다니던 어느 날 치마 주머니에서 공벌레를 꺼내며 이걸 키우고 싶다고 하더군요. 책가방을 열어보니 공벌레가 잔뜩 담겨 있어서 얼마나 놀랐던지. 그때는 잘 달래서 안 된다고 했지만, 나중에는 호기심의 싹을 자르지 말걸 그랬다고 반성했습니다. 그 이후로 집에서 생물을 키우고 싶다고 해도 반대하지 않았지요. 호랑나비, 메뚜기, 사마귀, 물고기, 개구리, 장지뱀, 햄스터 등 여러 생물을 키웠답니다. 초등학교 3~4학년 무렵에는 그런 곤충 관찰일기로 시의 자유연구 콩쿠르에서 상을 탄 적도 있어요. 그걸 계기로 더욱 생물에 관심을 갖게 된 것 같아요."

과학 전문 고등학교에 진학한 비결은 경험

미유의 부모님 모두 이과 출신이 아니지만, 어린 딸을 과학관에 자주 데려갔다.

"오다이바의 일본과학미래관, 기타노마루공원의 과학기술관의 연간 이용권을 사서 전시를 보러 가거나 실험을 체험하게 해주는 이벤트에 참가했어요. 아이가 큰 관심을 보이지 않더라도 우리가 보기에 재미있을 것 같은 미술 전시나 콘서트에도 자주 데리고 갔지요. 과학자로 만들려고 했다기보다는 여러 경험을 하게끔 도와주고 싶었어요. 과학 실험을 체험하는 '사이언스 클럽'(간토 지역 곳곳에 있는 과학실험 교실)에도 여러 번 참가했습니다."

초등학교 5학년 때의 JAMSTEC 체험으로 장래희망을 연구자로 정했을 무렵, 도요코 씨는 텔레비전을 통해 과학교육에 집중하는 학교가 근처에 있음을 알게 됐다. 그게 바로

2009년에 요코하마시 쓰루미구에 설립된 학교 YSFH였다.

나도 예전에 YSFH를 견학한 적이 있다. 평범한 고등학교라면 그저 '실험실'만 있겠지만, 이 학교는 '환경생명 실험실' '나노재료 제작실' '물리 실험실'처럼 세분화되어 있다. 마치 대학이나 기업 연구소처럼 전용실을 갖춘 것에 깜짝 놀랐다.

"그때까지 중학교 입학시험도 치게 할까 생각했지만 그러지 않았어요. 이 고등학교에 딸을 입학시키고 싶었기 때문이지요. 딸은 지역의 공립중학교에 다니면서 매년 YSFH의 학교 설명회를 찾았어요."(YSFH에는 현재 부속 중학교가 있지만, 2017년에야 설립됐고 미유가 중학생이던 때는 없었다.)

어릴 때부터 생물을 기르고 과학관이나 과학교실에서 실험 경험을 쌓은 덕분에 고등학생임에도 누룩곰팡이를 사용한 고도의 연구가 가능했을 것이다.

농학부와 이학부를 오가며

미유는 도쿄대에 들어가 본격적으로 연구자의 길을 걷기 시작했다. 1학년 때는 통상적인 전기前期 과정 강의를 들으면서, 농학부의 미생물학 연구소에도 다니면서 누룩곰팡이 연구를 이어갔다. 고등학생 시절의 연구에서는 해명하지 못했던, 균사가 환경 변화에 맞춰 퍼지는 속도를 바꾸는 메커니즘의 비밀에도 도전했다. 2학년부터 이학부 지구혹성환경학과 연구실에도 출입하면서 지하 미생물 실험도 시작했다.

3학년 들어 지구혹성환경학과로 정식 진학을 한 뒤에도 농학부와 이학부를 오갔다. 일본의 대학생 혹은 대학원생 중 미유처럼 두 곳의 연구실을 동시에 오가며 연구하는 이는 흔치 않다. 복수의 연구실에 소속되어 다양한 실험 방식을 익히고 시야를 넓힌 것이 새로운 연구 주제를 찾아내는 힘이 됐음이 분명하다.

"농학부에서 다루던 누룩곰팡이도, 이학부에서 다루던 초호열고세균(超好熱古細菌, 80도 이상 고온의 물속 환경에서도 서식하는 고세균)도 모두 미생물이라는 점에서는 같지만 농학부에서는 산업을 위한 응용이 주된 연구 목적이지요. 반면 이학부에서는 자연의 진리를 탐구하는 것이 연구 목적이에요. 누룩곰팡이는 가축화된 미생물이라고 할 정도로 배양 방법이 확립되어 있지요. 하지만 심해 미생물의 경우 환경 샘플에서 어떤 종류가 검출될지도 알 수 없고, 다양한 배양지 및 온도 조건에서 배양을 시험하는 것부터 연구가 시작돼요. 배양에 성공한 미생물이 살아 있는지 죽었는지 판별하는 방법도 스스로 개발해야 하고요. 연구에 대한 기본적인 사고법도, 실험 방법도 전혀 다른 두 분야에서 공부한 건 참 좋은 경험이었습니다. 양쪽 관점을 모두 살려 누룩곰팡이가 어떤 식으로 진화했는지 알고 싶기도 하고, 고세균이 인간에게 도움을 줄 어떤 기능을 지녔는지 연구해보고 싶어요."

드디어 심해로

4학년 여름방학에는 JAMSTEC의 '신카이6500'에 승선하게 됐다. 신카이6500은 심도 6500미터, 그야말로 심해까지 잠수하는 유인 잠수 조사선이다. 거대 지진을 일으키는 판이 섭입攝入하는 부분이나 해저에서 뜨거운 물이 나오는 열수분출공을 조사할 수 있다. 유인이면서 그렇게까지 깊이 들어가는 배는 일본만이 아니라 세계에도 몇 척 없다. 이 일은 초등학교 5학년 때 JAMSTEC을 견학한 이후부터 미유가 꿈꿔온 일이었다.

베테랑 해양 생물 연구자도 아닌 대학생이 어떻게 신카이6500에 탑승할 수 있었을까? 2019년 JAMSTEC에서 처음

실시한 '심해 연구의 진짜 싸움을 체험하라'라는 기획에 미유가 참가 신청을 넣어, 응모자 총 224명 가운데 심해 잠수 조사선 지원 모선 '요코스카' 승선팀 일곱 명에 선발됐기 때문이다. 더 나아가 신카이6500을 타고 잠수하게 될 세 명 중 한 명에 선정됐다.

해저의 열수분출공은 지구상에서 생명이 탄생하는 현장 중 한 곳일 것으로 추정되고 있다. 극단적으로 고온인 환경에서 태어난 생명은 그후에 온도가 낮은 환경으로 흩어져 서식 영역을 넓혔을 것이다(그렇지 않으면 오늘날처럼 생물이 지구 곳곳에 서식하는 사실을 설명할 수 없다). 즉 초호열고세균의 분산 전략은 생명 진화의 핵심이라고 할 수 있다.

대학원에 가지 않고 취직하기로 한 이유

그토록 바라던 신카이6500 잠수함 탑승으로, 미유는 연구자가 될 꿈에 거의 가까워졌다. 그러나 앞서 말했듯 미유는 대학 졸업 후에 NRI에 취직한다. 왜 진로를 바꾼 것일까?

"일본의 연구자 대우가 썩 좋지 않기도 하고, 민간과의 협력이 원활하지 않은 상황을 목격했던 게 제일 큰 이유였어요. 지금 업무라면 산관학 연계를 추진하거나 기초연구 지원 정책을 만드는 일에 관여할 가능성이 있지요."

그러나 연구자의 꿈을 포기하지는 않았다.

"경험을 쌓고 사회인으로서 생각하는 방식을 익혀, 나중에 연구의 세계로 가져갈 수 있으면 좋겠습니다."

참으로 대담한 선택이 아닐 수 없다. 대학의 지도교수가 말리지 않았을까?

"사실 취업 준비를 하고 있다고 말씀드렸더니 교수님이 많이 놀라신 것 같았어요. 일단 취직하고 장래에 연구자가 될 것을 고려하고 있다고 했지만, '학부를 졸업하고 연구를 그만뒀다가 나중에 석사과정을 밟아 연구의 길로 다시 돌아온 사람은 거의 못 봤다. 상당히 힘들 텐데'라는 말을 들었지요. 하지만 흡수력이 넘치는 지금 젊은 시기에 여러 경험을 해보고 싶어서 일부러 대학원에 가지 않았어요. 학부 졸업으로 취직해서 제 적성을 살펴보는 게 더 좋겠다는 생각을 했습니다."

일반 대학생은 대학원에 들어간 후부터 본격적으로 연구를 시작한다. 미유는 고등학교 시절 대학 연구실과 공동연구를 진행했고, 대학에서도 두 연구실에서 연구활동을 했다. 학부에서 대학원 연구를 선행학습했다고 볼 수 있다.

"고등학생 때부터 연구를 했으니 조금 유리하다는 생각은 해요. 다른 대학생이 대학원 시험을 볼 때 저는 이미 연구가 어떤 것인지 제 나름대로 이해하고 있었기 때문에 오히려 진로를 더 냉정하게 생각할 수 있었어요."

미유의 선택을 듣고 도요코 씨는 어머니로서 안심한 점도 있었다고 한다.

"연구에 몰두할 때는 주말도 반납하고 밤도 새웠으니 건강이 걱정되곤 했어요. 어릴 때부터 연구자가 되는 게 꿈이어서 그 꿈을 향해서 달렸는데, 갑자기 딸애가 취직하고 싶다고 해서 참 놀랐지요. 그런데 이제까지 부모로서 아이의 꿈을 곁에서 응원했을 따름이지 특별히 연구자로 키우겠다고 생각한 적은 없었습니다."

앞서 언급한 '심해 연구의 진짜 싸움을 체험하라' 기획에 참가했을 때, 미유는 이미 NRI에 취업이 내정된 상태였다. 그 사실을 일부러 숨기고 지원했던 것이 아니라, 그 시점의 마음을 솔직히 표현하고 평가받아서 신카이6500 승선 티켓을 얻었다.

주최측에 의하면, 이 '심해 연구의 진짜 싸움' 기획의 목적은 "선상 연구 현장 체험을 통한 해양과학 활용 능력의 비약적 향상, 해양과학기술에 관계된 차세대 인재 육성, 미래의 해양과학기술 연구개발을 지원할 수 있는 잠재적 재능 각성"이다. 미유의 경우 특히 '미래의 해양과학기술 연구개발을 지원할 수 있는 잠재력'을 평가받았을 것이다.

이 기획의 책임자이자 JAMSTEC 최첨단 연구개발 부문 부문장인 다카이 겐 씨는 미유에 대해 JAMSTEC 홈페이지에 다음과 같이 적었다.

> "저의 최종 목표는 연구자가 되는 것입니다. 그것도 단순한 연구자가 아니라 세계를 대표하는 JAMSTEC의 연구자가 되고 싶습니다."
>
> 그렇게 또렷이 선언하는 그녀에게 기대하지 않을 수가 없었다. JAMSTEC이 촉발하고 성장을 촉진하며 기회를 주어 성장한 그녀가 훗날 진짜 JAMSTEC에 채용되어 세계적 스타가 된다면, JAMSTEC이 진정한 의미로 키워낸 스타이자 JAMSTEC의 미래를 비추는 별이 될 것이다. 설령 실패하더라도 그녀가 무엇인가가 됐을 때, JAMSTEC이 인생에 큰 영향을 준 매우 귀중한 사례가 될 것을 기대한다.

다시 말해, 우수한 젊은이를 미리 확보하는 게 아니라 장기적으로 젊은이의 성장을 촉진한다는 기획이었던 것이다.

신카이6500에서 귀환하여 모선의 실험실에서 혼자 작업을 하던 미유는 '나는 역시 심해를 참 좋아하는구나' 하고 취직을 결정한 걸 잠깐 후회하며 저도 모르게 울었다고 한다. 그러나 '아니, 사회인으로서 반드시 일본의 과학연구계에 공헌해야지'라고 재차 결심을 다졌다.

"이대로 대학원에 진학하여 연구자의 길을 걷는 것보다 한번 사회로 나가보는 편이 폭넓은 지식과 다양한 기술을 익혀 저 자신을 단련하는 데 좋을 거라고 생각해요. 사회인으로서 필요한 기술, 예를 들어서 사람들에게 내 의견을 전하는 힘이나 사회 문제에 대한 통찰력 등은 최종적으로 연구자가 되더라도 분명 도움이 되는 것들이지요."

일시적으로 연구자의 길에서 멀어지긴 하지만, 이제까지 배운 기술과 생각이 물거품이 되는 건 아니란다.

"대상을 꼼꼼하게 조사해서 사실을 확인한 다음 과제와 그 해결책을 찾는 게 컨설턴트가 하는 일이에요. 실험 결과를 근거로 무엇을 말할 수 있을까 고찰해서 결론을 이끌어내는 연구 경험을 충분히 살릴 수 있을 것 같습니다."

처음에는 미유가 연구자의 길에서 벗어나 취직을 선택했다는 이야기를 듣고 솔직히 좀 아깝다는 생각이 들었다. 그녀가 가진 재능을 살릴 환경이 일본에 없다는 것도 안타까웠다. 그러나 미유는 스스로 환경을 바꾸려 하고 있다. 마치 누룩곰팡이가 다른 균사와 만나 온도 변화, 명암 변화에 맞춰 성장 속도를 알아서 바꾸는 것처럼. 아니면 열수분출공에서 나와 새로운 세계로 분산하기 시작한 태곳적 생명처럼.

동생이 모기에 안 물릴 방법이 있을까?

컬럼비아대학에서
옥스퍼드로 간 대학원생

8

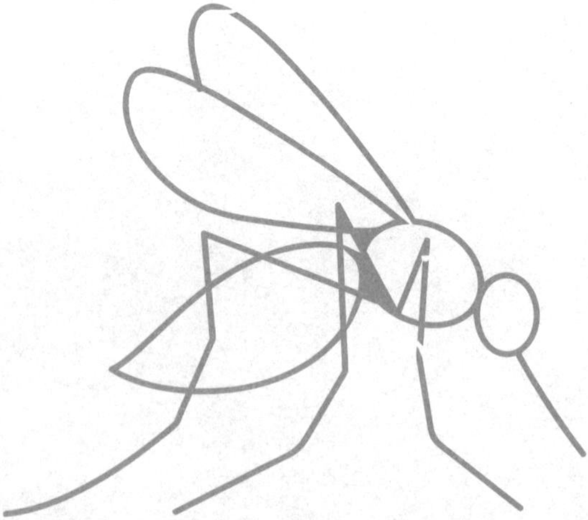

미국 컬럼비아대학에 다니는 다가미 다이키는 코로나 사태가 벌어진 2020년 4월에 귀국했다. 그리고 교토시에 있는 자택에서 온라인으로 강의를 듣기 시작했다.

"수업은 일본 시각으로 밤 11시부터 새벽 3시까지 이어져요. 그후에 조금 쉬고, 아침 7시부터 점심때까지 또 수업이 있어요. 오후 2시부터 6시쯤까지 잠을 자는데, 그것만으로는 수면이 부족해서 밤중에 선잠을 자기도 해요."

상당히 힘든 생활로 보이는데……

"그렇지만 미국에서는 제가 요리나 빨래를 다 해야 하지만 지금 여기서는 부모님이 해주셔서 그만큼 편해요."

일본의 대학은 일반적으로 입학 때 학생을 법학부, 문학부, 공학부, 의학부 등 전공 학부로 나누어 받는다. 반면에 미국 대학에서는 입학할 때 그런 구분을 두지 않는다. 미국 대학생들은 글쓰기, 제2 외국어, 수학, 생물학 등의 기초를 필수 과목으로 수강하면서 여러 강의들을 자기 관심사에 맞춰 골라 듣는다. 전공 과정이 시작되는 것은 3학년부터다. 여기서 전공을 더 세부적으로 배우고 싶은 사람은 로스쿨(법학), 메디컬스쿨(의학), 비즈니스스쿨(경영학) 등 전문대학원으로 진학한다.

대학 3학년생(2021년 현재)인 다이키는 주전공으로 수학과·통계학과에 속하면서 메디컬스쿨 준비 단계인 의학부 예과생으로 공부하는 중이다. 대학 입학 당시부터 수학 과목에서 뛰어난 성적을 낸 덕분에 1학년 때는 미적분, 2학년 때는 거기에 더해 선형대수, 상미분방정식 등의 티칭어시스턴트 TA를 맡았다고 한다. TA는 강사의 강의를 돕거나 수강생의 질문에 답하는 조수를 뜻하는 것으로, 일반적으로는 대학원생이 맡는 역할이다.

프로그래밍을 가르치다

3학년으로 진학한 후부터는 강사가 되어 학생들에게 프로그래밍 언어인 파이썬Python을 가르치고 있다. 고등학교를 졸업했을 때만 해도 프로그래밍 언어 지식이 전무했지만, 대학에 들어간 뒤부터 책을 읽으며 공부했다고 한다.

"4학점 과목으로, 3학점은 교수님 한 분이 담당하시고 1학점은 제가 맡고 있어요. 강의는 1학년부터 대학원생까지 다양하게 수강하고 있지요. 정기적으로 교수님과 논의를 해서 강의 내용을 정하는데, 수강생에게 내는 문제를 직접 만들고 채점도 제가 해야 해서 많이 힘들긴 해요. 매주 한 교시(90분) 수업을 준비하는 데 10시간 정도 걸리지요."

다이키가 컬럼비아대학 온라인 강의 시스템을 통해 수업을 듣는 모습을 봤는데, 화면에 'Covid-19'라는 단어가 보였다. 신종 코로나바이러스를 주제로 한 강의인 모양이었다.

"미국에서 신종 코로나 감염에 의한 사망자 데이터를 인종별, 비만도별로 통계 분석해서 시각화하기 위한 프로그램을 강의하는 거예요. 지금 다들 코로나에 관심이 많아서 그 데이터 분석을 주제로 삼고 있는 거지요."

컬럼비아대학에 부속된 저커먼연구소에서 다이키는 두 개의 연구실에 소속되어 있다. 한 곳에서는 신경간세포를 사용한 뇌 발생 연구를, 다른 곳에서는 AI를 사용하여 쥐의 행동을 분석하는 기술 개발 연구를 하는 중이란다.

2020년 여름(2학년 여름)에는 미국 브라운대학과의 공동 연구에도 참여했다. 브라운대가 공개하는 고대 유적 데이터베이스를 활용해 유적 형상이나 소재 등의 정보를 입력하면 그 연대가 출력되는 프로그램을 만들었다.

"영국의 레이드로재단이 전 세계 대학생 14명에게 연구비 장학금을 주는데, 감사하게도 그 지급 대상으로 선정됐습니다. 1학년 때 그 장학생들이 모이는 교류회에서 한 학생이 제가 가진 기술을 고대 유적의 연대 추정에 활용할 수 있을지도 모른다고 했고 저도 그럴 수 있겠다는 생각을 했어요. 브라운대학의 고고학 교수님께 멘토가 되어달라고 부탁을 드렸지요. 그래서 지난여름(2020년 여름)에는 브라운대학에서 프로그래머로 활동했습니다."

두 가지 자원봉사

학업과 연구를 함께 하는 동시에 다이키는 자원봉사에도 열성적이었다.

"1학년 때 뉴욕에 있는 대학병원에서 자원봉사를 했습니다. 입원 환자들의 컵에 물을 따라주거나 베개와 시트를 갈기도 하고 이야기를 들어주기도 했지요. 그 외에는 가정교사 자원봉사도 했습니다. 할렘에 있는 초등학교 4학년 남자아이를 대학 강의실과 다목적실에서 가르쳤어요. 그애 어머니는 싱글맘이었는데, 일이 바쁠 텐데도 아이를 애써 데리고 오셨어요. 그애가 분수 계산을 너무 어려워해서 나눗셈과 분수의 관계, 약분 같은 것을 집중적으로 가르쳤어요. 연필을 여러 자루 준비해서 실제로 어떻게 하는지 보여주기도 하고, 2분의 4와 4분의 8은 분자와 분모의 숫자가 달라도 분수로서는 같다든가 하는 걸 가르쳤죠. 자연수로 분자와 분모를 나눌 수 있는 분수부터 시작해서 아이가 점차 분수에 익숙해지도록 도왔습니다."

공부 못하는 사람의 심정을 이해하지 못하고 왜 그걸 모르냐며 내치는 '수재'도 있다. 그러나 다이키는 상대방이 왜 모르는지를 생각하고, 이해하려면 어떻게 해야 좋을지를 고민했다.

"저커먼연구소의 연구실에서는 주변 대학원생들이나 박사연구원들에게 여러 가지를 배우고 있습니다. 또한 대학원 강의도 수강하고 있는데, 기초지식이 부족해서 힘들 때가 많아요. 그래도 일주일에 두 번 정도 열리는 '오피스 아워'에 연구실을 찾아가면 교수님이나 TA 분들이 어떤 질문이든 다 대답해주시지요. 그게 너무 좋아서 항상 감사드리고 있어요. 그래서 제가 이해하는 분야에 대해서는 사회에 환원하고 싶다는 마음입니다."

학생으로서 강의를 듣는 동시에 강사 역할도 맡고, 두 개의 연구실에 소속되어 최첨단 연구에 참여하는데다가 다른 학교에서는 프로그래머로 근무하고 자원봉사 활동까지…… 다이키는 몸이 몇 개쯤 되는 걸까? 그의 이야기를 들으며 가벼운 현기증이 일 정도였다.

동생을 염려하는 마음에 연구를 시작하다

내가 다이키를 취재한 건 5년 만에 두 번째였다. 처음에 만났던 건 2015년으로, 그가 아직 고등학교 1학년이던 때였다. 당시 그가 했던 연구 이야기를 듣고 주간지에 기사를 쓰기 위해 만났다('슈퍼사이언스하이스쿨의 실태', 《주간 신초》 2015년 12월 24일 호). 그 연구 제목은 "평생 한 번밖에 교미하지 않는 흰줄숲

모기 암컷에게 2시간 만에 10회 이상의 교미 행동을 시키기 위해서는"이었다.

흰줄숲모기는 쉽게 말해 각다귀를 일컫는다. 나는 그때까지 각다귀가 평생 한 번밖에 교미를 안 한다는 사실조차 몰랐지만, 다이키의 연구에 의하면 사람 발 냄새를 맡게 하면 10회 이상까지 그 횟수를 늘릴 수 있다고 한다. 한마디로 발 냄새가 모기에게 최음 효과를 일으킨다는 뜻이다.

예전부터 다이키는 두 살 어린 여동생 치에가 자기보다 훨씬 모기에 잘 물리는 데다 물리고 나서도 심하게 부어오르는 모습을 딱하게 여겼다. 이걸 어떻게든 해결해보고 싶다는 마음이 중학교 3학년 때 연구를 시작한 동기 중 하나였다.

고등학교에서 모기를 연구하다

연구를 시작한 지 얼마 되지 않아 다이키는 큰 발견을 하게 된다.

"우선 모기가 좋아하는 냄새와 싫어하는 냄새를 알아보려고 샴푸, 고기, 린스 등 집 안에서 냄새가 나는 것을 모두 맡게 했어요. 그때 신발 바닥 냄새를 맡게 했더니 일제히 교미 행동을 시작하더군요. 평생에 한 번밖에 교미를 안 한다는 암컷 모기가 그렇게 일제히 교미하는 모습을 본 건 처음이라 그때 감동이 아직도 생생합니다. 그래서 발 냄새와 교미 행동의 관련성을 알아보려고 한 게 제 실험의 첫걸음이 됐지요."

이듬해 문부과학성 슈퍼사이언스하이스쿨SSH로 지정되어 정밀한 실험 기구와 외부 전문가 지도 등의 혜택을 받은 교토교육대학부속고등학교에 입학한 다이키는 모기 연구를 더욱 발전시킨다. 동생 외에 고등학교 선생님들에게서도 발냄새를 풍길 만한 균을 채취하여 배양했다. 배양한 균을 모기에게 가까이 가져다댄 경우에도 발을 가져다댔을 때와 마찬가지로 교미 횟수가 늘었다. 이와 동시에 단리배양單離培養, 즉 균을 한 종류씩 갖다대면 모기가 교미하지 않는다는 점도 밝혀냈다.

이 연구에서는 발에 있는 균을 제공해준 28명 가운데 동생의 발에 있던 균에 모기가 가장 큰 반응을 보이는 한편 다이키의 발에 있던 균에는 모기가 전혀 반응하지 않는다는 사실을 알아냈다. 대조적인 샘플을 가장 가까이에서 얻을 수 있었던 것이다.

고등학교 1학년이었던 다이키에게 이 연구에 대해 들었

을 때 그의 탐구심에 감탄했다. 한편 속으로는 동생이 모기에 물리는 걸 막고 싶었을 텐데, 왜 모기의 교미 횟수를 늘려 번식을 더 시키는 불필요한 행동을 하는지 의아했다. 실제로 다이키는 당시 사육장에서 빠져나온 모기가 동생을 무는 바람에 동생이 자기 실험 자체를 매우 싫어했다고 이야기했다. 사육 상자가 방 하나를 떡 하니 차지하고 있어서 부모님도 불편해하셨단다.

고등학교에 다니면서 모기 연구를 어떻게 진행했을까.

"모기가 활발히 교미하는 건 밤이에요. 그래서 오후 11시경에 수박이나 파인애플을 먹이로 주고 교미가 끝난 암컷에게 제 팔의 피를 빨게 한 후, 발 냄새를 맡게 하는 식으로 교미 횟수를 세었습니다. 실험이 끝나는 건 새벽 한두 시쯤이었어요. 제일 시간이 걸렸던 건 교미를 한 모기와 하지 않은 모기를 구분하는 일이었지요. 유충도 밤에 태어날 때가 많은데, 그걸 한 마리씩 손으로 잡느라 고생했어요. 대학에서 초파리의 신경간세포 연구를 하게 됐는데, 그 연구실에서는 갓 태어난 초파리를 이산화탄소로 기절시키고 현미경으로 보면서 암수를 구분해요. 한 마리씩 잡아내는 것보다 훨씬 편하지요."

학교 숙제나 공부할 여유도 없었을 것 같은데……

"공부는 낮에 했어요. 낮잠을 잘 때도 있었지만요."

마침내 모기에 물리지 않는 법을 찾아내다

고등학교 2학년 때(2016년)의 연구에서 다이키는 연구의 핵심에 다가섰다. 모기가 사람의 피를 빨고 싶어 하는 이유를 알아내어 흡혈 횟수를 줄이는, 한마디로 잘 물리지 않는 조건을 찾아내려 했던 것이다. NHK 〈갓텐!〉(ガッテン!)이라는 방송의 취재반에게서 도움을 얻어, 젊은 스태프의 헌신(?)으로 더욱 다양한 조건에서 실험했다. 그 결과 '발에 사는 세균의 종류가 많은 사람일수록 모기에 물리기 쉽다'는 점이 밝혀졌다. 단리배양한 한 종류의 균을 모기에게 가져다대도 교미 횟수가 늘어나지 않는 것과 마찬가지로 흡혈 횟수 역시 늘어나지 않는다는 사실을 알게 됐다.

그뿐만 아니라 발을 씻으면 발에 있는 균이 줄어서 모기의 교미 및 흡혈 횟수가 줄어든다는 것도 알아냈다. 마침내 다이키의 본래 목적이었던 모기에게 잘 물리지 않는 방법을 찾아낸 것이다.

그의 동생도 기뻐했다. "집 안에 모기장을 치고 잔 적도 있었는데, 이제 오빠가 모기에 잘 물리지 않는 방법을 찾아서 다행이에요."

특정 종류의 균이 풍기는 냄새가 모기를 교미하게끔 하거나 피를 빨고 싶게끔 하는 것이라면 이야기는 참으로 간단할 것이다. 그 균만 잡는 약이 있으면 될 테니 말이다. 그러나 모기는 특정한 균이 아니라 균의 '종류가 얼마나 많은가'에 따라 반응하는 모양이었다. 하나의 '식재료'가 아니라 여러 식재료가 이리저리 섞인 '요리'의 냄새로 맛있을지 그렇지 않을지를 결정하는 것일지도 모른다.

고등학교 1학년 때의 연구로 다이키는 SSH 학생연구발표회(2015학년도) 포스터 발표상과 참가 학생들의 투표로 결정되는 학생투표상을 수상했다. 고등학교 2학년 때는 제11회 '과학의 싹' 상을 받았다. 이 상은 쓰쿠바대학 주최로 뛰어난 과학실험이나 자연관찰을 해낸 초·중·고교생에게 준다. '과학의 싹'이란 쓰쿠바대의 전신인 도쿄교육대학의 학장이었고 1965년에 노벨 물리학상을 수상한 도모나가 신이치로가 남긴 다음 말에서 유래한 것이다.

신기하다고 여기는 것
그게 바로 과학의 싹입니다.
잘 관찰하고 확인하며
그리고 생각하는 것
그게 바로 과학의 줄기입니다.
그렇게 마지막에 수수께끼가 풀리면
그게 바로 과학의 꽃입니다.
도모나가 신이치로, 1974년

도모나가 신이치로가 말하는 '과학의 싹'이 앞서 이 책의 서두에 소개했던 고시바의 '꿈의 알'과 같은 의미를 갖는다는 건 명확하다. 또한 도모나가가 고시바의 미국 유학 때 추천서를 써주기도 하고 결혼 중매인으로도 나섰던 한편 고시바는 도모나가의 저서를 영어로 번역하기도 했다. 두 사람은 술친구이기도 하면서 공사 가리지 않고 깊은 관계를 맺었던 것으로 알려졌다.

모기에게 잘 물리고 안 물리고는 피부의 수분량이 정한다

다이키는 고등학교 3학년 때 '알'을 따듯하게 덥히고 '싹'을 키워내 제12회 '과학의 싹' 노력상을 수상했다(동생 치에와 공동 수상). 연구 제목은 "인간이 50마리의 모기에 3분 동안 몇 번 물리는가를 피부 수분량과 흰줄숲모기 교미 횟수로 수치화"였다.

발에 있는 세균 종류의 많고 적음이 모기의 교미 횟수, 피를 빠는 횟수를 좌우한다. 그러면 발에서 세균 종류의 많고 적음을 결정하는 요인은 무엇일까? 바로 피부의 수분량이었다. 다이키는 피부 수분량으로 그 사람이 얼마나 모기에 잘 물리는지 예측하는 수식을 만들어냈다.

나는 어릴 때부터 모기에 잘 물리곤 했다. 초등학생인 딸도 잘 물린다. 한편 아내는 거의 물리지 않는 편이다. 공원에 놀러 갔을 때 모기에 물리는 건 늘 나와 딸이었다. 우리 두 사람의 공통점은 항상 손발이 축축하다는 점. 피부의 수분량이 모기에 잘 물리는지 아닌지를 결정한다는 다이키의 주장은 내 경험과도 딱 맞아떨어진다.

원래는 모기에 잘 물리는 동생을 위해 시작한 연구였으니, 모기에 덜 물리는 방법을 발견한 시점에서 연구를 그만둬도 좋았을 터이다. 그런데 다이키는 여기서 그치지 않고 피부의 수분량과 모기에 물리는 정도를 수식화하는 데까지 이르렀다. 모기 실험 결과를 이론화한 것이다. 고등학생이 어떻게 거기까지 할 수 있었는지, 놀라울 따름이다.

'데굴데굴 주먹밥' 실험

다이키는 어릴 때부터 집에서 개미나 지렁이를 키우는 등 생물 관찰을 매우 좋아했다. 그렇다고 해서 생물에만 관심을 보인 게 아니라, 고등학교 1학년 때는 동생과 같이 '마찰계수의 측정에 따른《데굴데굴 주먹밥》이야기가 실현 가능한 것인지 검증'하는 물리 실험도 해봤다(데굴데굴 주먹밥은 일본의 전래동화이다. 부지런한 노부부가 산에서 나무를 하다 점심으로 주먹밥을 먹으려는데 주먹밥 하나가 떨어져 산등성이를 데굴데굴 굴러가 나무 밑동에 난 구멍 속으로 빠진다. 그걸 주우러 간 할아버지도 실수로 구멍에 빠진다. 그곳에 있던 쥐들이 주먹밥의 보답이라면서 크고 작은 고리짝 두 개 중 하나를 골라 가지라고 한다. 마음씨 착한 할아버지는 작은 고리짝을 골라 가져갔고 거기서 금은보화가 잔뜩 나왔다. 이 소문을 들은 욕심 많은 이웃집 할아버지가 일부러 주먹밥을 구멍에 떨어뜨리고 고양이 흉내로 쥐들을 위협하여 두 개의 고리짝을 모두 빼앗으려 하자 쥐들이 물어뜯어 죽인다—옮긴이).

"한 번도 주먹밥이 실제로 굴러가는 모습을 본 적이 없어서 정말로《데굴데굴 주먹밥》그림책처럼 굴러가는지, 할아버지가 왜 따라잡지 못하는지 궁금했어요. 그래서 직접 주먹밥을 만들어서 여러 조건에서 굴려봤는데, 할아버지가 따라잡지 못할 정도의 속도로 주먹밥이 굴러가는 것이 가능하다는 점을 알게 됐지요."

일단 의문을 품으면 직접 조사해보아야 직성이 풀리는 성격인 모양이다. 그야말로 과학자다운 성격이라 할 만하다. 그런데 그는 왜 미국에 있는 대학을 목표로 했을까?

"고등학교 1학년 시절 SSH 발표회에 참가했을 때, 초청을 받아 발표회장에 온 해외 고등학생들과 교류할 기회가 있었어요. 그때 미국 대학에 관심을 갖게 됐지요. 고등학교 2학년 때 교토에서 열린 학회 때문에 일본에 온 캘리포니아대학 어바인 캠퍼스의 교수님이자, 모기를 매개로 하는 감염병 연구자셨던 앤서니 제임스 박사님을 만났어요. 그분께 여러 말씀을 들었던 것도 미국 대학에서의 연구를 결심하게 된 이유지요. 과학자로서의 경력, 모기 연구를 하게 된 계기, 지금 모기와 관련하여 연구 중인 유전자 이야기 등을 들을 수 있었습니다. 그 외에도 훗날 훌륭한 연구자가 되려면 지금부터 논문을 많이 읽어두라는 권유도 받았지요. 그때까지 저는 제 모기 문제에 대해서만 계속 관찰하고 조사했는데, 나중에 논문을 읽고 세상에서는 참 대단한 모기 연구가 이루어지고있고 훌륭한 연구자도 많다는 사실을 배웠습니다."

일본 대학을 경유하지 않고 바로 미국 대학으로 진학한 건 아버지의 전근으로 해외에 오래 살았던 경험과 관련이 있을 것이다. 다이키는 1999년에 미국 시카고에서 태어나 두 살 때 호주, 열 살 때 싱가포르로 이주했다가 열네 살 때 일본으로 돌아왔다. 가장 오래 지냈던 호주에서는 학생들의 자주성을 중시하고 지적 호기심을 충족시키는 교육과정으로 유명한 '몬테소리 교육'을 도입한 유치원과 초등학교에서 교육받았다. 중학교 3학년부터 고등학교 3학년까지는 일본에서 교육을 받았지만, 고등학교 2학년 여름부터 고등학교 3학년 여름까지는 호주로 1년간 유학을 갔다.

모기 연구는 싱가포르에서의 경험과도 관련이 있었다.

"싱가포르에서는 모기로 인해 전염되는 뎅기열이 큰 사회문제여서, 매주 곳곳에 살충제가 살포되곤 했어요. 모기의 산란을 막기 위해 화분 바닥에 물이 고이지 않게 하라는 정부의 안내 포스터도 자주 봤지요. 어릴 때부터 자주 모기에 물리는 동생이 불쌍했는데, 싱가포르의 상황을 보고 나서 일본으로 이주한 뒤 모기 연구를 지금 시작해야겠다는 생각이 들었어요."

그림책과 주판을 끼고 살던 시절

5년 만에 다이키를 취재하면서 그의 부모님께도 이야기를 들어볼 수는 없는지 물었으나 거절의 답변을 받았다. 다이키에 이어 2020년 9월에는 동생인 치에도 컬럼비아대학교에 입학했다. 자식이 두 명이나 미국 명문대에 합격하다니 보통 일이 아니다. 혹시 교육에 어떤 비법이 있는지 물어보고 싶었지만, 나중에 그게 얼마나 얕은 생각이었는지 뼈저리게 느꼈다. 다이키는 자신이 가족으로부터 받은 영향이 세 가지 있다고 말한다.

"첫 번째는 그림책이에요. 어머니가 어릴 때부터 매일 그림책을 읽어주셔서 제 주변에는 항상 책이 있었어요. 그때부터 책이 좋아져서 미국 대학에서 지낼 때도 힘들 때 늘 제 버팀목이 되어주고 있지요. 두 번째는 주판이에요. 어머니는 제가 철들 때부터 주판을 가지고 저한테 암산을 가르쳐주셨어요. 그때부터 산수가 재밌어졌고, 그게 지금의 수학에 대한 열정으로 이어진 거지요. 세 번째는 가족과 거실에서 보내는 시간이에요. 저는 제 방을 따로 가진 적이 없어서 늘 거실에서 공부했거든요. 문득 고개를 들면 가족이 근처에 있어서 얼마나 든든했는지 몰라요. 그래서 가족에 늘 감사하고 있습니다."

내가 다이키의 주방 식탁에서 이야기를 듣는 사이, 취재에 동행한 도우야 다다시 씨(연재 기사용 사진 촬영을 담당했다)와 담소를 나누는 치에와 어머니의 목소리가 들렸다. 그 내용은 빛의 양 조절과 음영 등 촬영 기술과 관련된 것이었다. 다이키의 집에서 나오면서 물어보니, 도우야 씨는 두 사람으로부터 질문 공세를 받았다고 한다. 가족이 모두 호기심이 왕성하다는 사실을 실감할 수 있었다. 치에는 오빠의 모기 실험을 도운 연으로 대학에서 환경 문제를 공부 중이라고 한다.

그저 돕는 역할을 할 뿐

"학부모 면담 중에 어떻게 다이키처럼 아이를 키울 수 있는지 어머님께 여쭤본 적이 있습니다."

그렇게 말한 이는 고등학교 1학년부터 3학년까지 다이키의 담임을 맡았던 교토교육대학부속고등학교의 다쿠보 히로토 선생님이다. 다쿠보 씨는 어머님께 특별한 대답을 들은 것은 아니지만, 부모님이 아이에게 '이걸 하라, 저걸 하라고 지시하는 게 아니라 아이를 돕는 역할만 한다'는 느낌이 들었다고 한다.

다이키의 모기 연구는 훌륭하지만 만약 내 아이가 집에서 모기를 수백 수천 마리나 키운다면 어떨까? 나라면 당장 관두라고 말렸을 것 같다. 그러나 다이키의 부모님은 아들의 모기 연구가 탐탁지 않아도 금지하지 않고 받아들였다. 그렇게 자녀를 보조하는 역할에만 집중하는 것이라면 취재를 거절한 이유도 이해가 간다.

Q 고등학교에서 다이키는 어떤 학생이었나요?

A 주저하지 않고 어떤 질문이든 적극적으로 하던 학생

이었습니다. 짝 체조를 하는 요령이 뭐냐는 질문을 받은 체육 선생님이 '체육선생님한테 질문하는 애가 다 있다'라면서 놀라셨지요. 저는 수학 과목인데, 다이키는 수학을 너무 잘해서 항상 100점을 받았습니다. 저도 중간부터는 그애가 만점을 못 받게 하려면 어떻게 하면 좋을지 고민하면서 시험 문제를 열심히 만들었어요(웃음). 서로 경쟁을 했던 거지요.

Q 미국 대학에 진학하고 싶다는 말을 들었을 때 어떤 기분이 드셨나요?

A 우리 고등학교에서 미국 대학에 진학하는 학생은 처음이어서 많이 놀랐지만 그애라면 그러고도 남을 거라는 생각이 들었습니다. 다이키는 고등학교 2학년부터 1년 동안 호주에 유학도 갔는데, 귀국 후에 그대로 고등학교 3학년 반에 들어왔어요. 일본과 해외는 교육과정이 다르니까 그렇게 유학한 학생은 귀국 후에 바로 입시 공부를 따라잡지 못할까봐 한 학년 아래부터 다시 시작하는 경우가 많거든요.

Q 공부를 너무 잘하면 간혹 교실에서 혼자 겉돌기도 할 텐데 다이키는 어땠나요?

A 다이키는 매우 사회적이어서 주변 아이들도 '다이키한테 물어보면 알 수 있다'며 의지하곤 했어요. 문화제 활동에도 적극적으로 참여했지요. '어떻게 이런 애가 다 있지?' 하는 생각이 들 정도였습니다.

남을 돕는 도구를 발명하는 과학자

내가 다이키를 보고 놀란 건 최선을 다해 감사의 마음을 표현하려는 자세였다.

"저는 지금 귀중한 체험을 하는 중이라고 생각해요. 제가 미국 대학에 갈 수 있었던 건 저 혼자만의 힘이 아니었어요. 미도리 씨가 《주간 신초》에 기사를 써주셨고, 그걸 읽은 NHK 방송국의 감독님이 〈갓텐!〉에서 연구를 다뤄주셔서 주목을 받은 덕분이지요. 정말 감사합니다."

자택으로 찾아가기 전에 줌으로 화상 인터뷰를 했을 때 말문을 열자마자 다이키가 한 말이었다. 그는 〈갓텐!〉에 출연한 뒤에도, 컬럼비아대학교 유학이 결정된 뒤에도 일일이 메일을 보내서 한결같이 감사의 뜻을 표했다. 교토의 자택에서까지 합치면 벌써 세 번째 들은 말이다.

기쁘면 기뻤지, 솔직히 싫지 않은 일이다. 그러나 내가 처음에도 주간지에 썼지만, 늦든 빠르든 그의 연구는 어차피 주목을 받을 게 분명했다. '평생 한 번밖에 교미하지 않는 흰줄숲모기 암컷에게 2시간 만에 10회 이상의 교미 행동을 시키기 위해서는'이나 '마찰계수의 측정에 따른《데굴데굴 주먹밥》이야기가 실현 가능한 것인지 검증' 같은 제목을 보고 관심을 갖지 않을 사람이 어디 있을까.

다이키는 중학교 3학년이던 2014년, 제2회 닛케이 '호시 신이치 상'(SF 단편소설 공모 문학상으로 니혼게이자이 신문사가 주최한다. 일본의 SF 거장 이름을 따서 상의 이름을 지었다—옮긴이)에 응모하여 주니어 부문에서 우수상을 탔다. 제목은 〈아이가 원하는 선물이 비치는 거울〉이다. 천재적인 과학자 T 박사에게 산타클로스가 방문해, 아이가 원하는 선물을 비추는 거울을 만들어달라고 부탁한다. 그래서 산타클로스는 기뻐하며 거울을 가지고 돌아갔지만, 얼마 되지 않아 T 박사에게 그걸 되돌려주러 다시 찾아간다. 참으로 호시 신이치가 쓸 것 같은 작품이다.

작품 속의 T 박사는 무척 영리하며, 항상 남을 돕기 위한 도구를 발명하는 마음 착한 과학자입니다. 이런 과학자가 되고 싶다는 제 장래희망을 그린 이야기로, 글을 쓰면서도 매우 즐거웠습니다.

다가미 다이키, '작가의 말'에서

남을 돕는 도구를 발명하는 마음 착한 과학자. 다이키가 주변 사람들에게 보이는 끝없는 감사의 마음이 그를 움직이는 원동력일지도 모른다.

모기 연구는 지금도 이어지고 있다.

"모기는 참 재미있는 것 같아요. 대학에서 배운 것들을 살려 연구 중입니다."

다이키는 교수들의 추천을 받아 2020년 11월에 시험에 합격하여 2021년 1월에 컬럼비아대학원 석사과정으로 진학했다. 그리고 2022년 5월에는 해당 대학의 학사학위와 석사학위를 동시에 받고, 10월에는 옥스퍼드대학 박사과정을 위해 영국으로 건너갔다. 앞으로도 그의 활약이 기대된다.

칼럼 02

과학경진대회란?

나는 하프마라톤과 철인 3종 경기 대회에 여러 번 참가했다. 친구의 권유로 억지로 시작한 것이지만, 막상 시작하니 어떻게든 완주하고 싶고 조금이라도 높은 순위를 기록하고 싶다는 목표가 생겼다. 그 덕분에 매일 연습에 힘이 실렸다.

그런 의미에서 보자면 과학 자유연구 경진대회도 비슷하다 할 수 있겠다. 주목받고 싶다, 상금을 받고 싶다, 먼 곳에서 열리는 경진대회에 나가보고 싶다 등 지적 호기심과 연관된 동기가 아니어도 좋다. 과학에 조금이라도 관심이 있다면 어떤 것이든 좋으니 과학 자유연구 경진대회에 참가해보면 좋겠다. 경진대회에 참가만 해도 동기 부여가 될 수 있고, 결과가 어떻든 과학 관련 과목의 이해력도 높아질 것이다. 나는 하프마라톤과 철인 3종 경기 모두 완주하지 못하고 최하위에 가까운 순위만 기록했지만, 연습을 열심히 한 덕분에 적어도 다이어트에는 성공할 수 있었다.

과학 자유연구 경진대회에서는 대부분 연구 내용을 정리한 포스터나 리포트를 평가한다. 포스터나 리포트를 작성하려면 나름의 가설을 세우고 실험이나 관찰을 반복하여 고찰해야 한다. 어떤 순서로 실험이나 관찰을 할지 미리 계획을 짜두지 않으면 제출 기한에 맞출 수 없다. 중간에 궤도를 수정해야 할 때도 있을 것이다. 이러한 계획 수행 능력을 기를 수 있다는 점도 과학 자유연구 경진대회에 참가하는 장점이라 할 수 있다. 이런 능력은 사회에 나가서도 요구된다.

또 하나의 장점은 같은 분야를 좋아하는 친구를 얻을 수 있다는 것이다. 같은 경진대회에 출전하는 사람들은 서로 라이벌인 동시에 과학에 관심을 가진 동료이다. 같은 반 같은 학교에서는 만날 수 없었던, 공통 화제에 관심을 가진 사람을 경진대회에서라면 발견할 확률이 높다.

일본 전국 곳곳에서 과학 자유연구 경진대회가 여럿 개최되고 있다. 구체적인 숫자는 알 수 없으나 NPO 법인 일본사이언스서비스가 운영하는 '과학 자유연구 인포'에 게재된 초·중·고교생을 위한 경진대회 수는 약 60개 정도다. 그중 30퍼센트 정도는 2022년 현재 이미 응모가 종료된 상태다. 새로운 대회가 개최되기도 한다. 전국 청소년들을 대상으로 하는 것도 있고, 특정 지역 청소년을 대상으로 하는 대회도 있다. 주최자는 기업, 대학, 학회, 지자체 등 다양하다. 과학 자유연구 대회는 "학술적인 스포츠 경기"(《중고생을 위한 과학 자유연구 가이드》)라고 생각해도 좋을 것이다. 각종 스포츠 경기 대회와 마찬가지로 과학계 경진대회도 각양각색이라는 뜻이다. 지방 단위, 전국 규모까지 합치면 100개 이상은 될 것이다. 초등학교 여름방학 숙제인 자유연구도 넓은 의미의 경진대회라고 보면, 초등학교 수만큼 대회가 있다고 봐도 과언이 아닐 것이다.

일본에서 가장 권위 있는 과학 자유연구 경진대회는 요미우리신문사가 주최하는 일본학생과학상JSSA과 아사히신문사가 주최하는 고등학교 및 고등전문학교 학생 과학기술 챌린지JSEC일 것이다. 이 책에 등장하는 사람 중 노자키 마이, 미카미 도모유키, 야마모토 미유가 JSEC에 나가 뛰어난 성적을 거두었다. 상위권에 입상하면 과학올림픽이라고 불리는 국제과학기술경진대회ISEF 출전권을 얻을 수 있다.

학교나 도서관에 비치된 전단을 찾아보거나 인터넷으로 검색하는 등 자신에게 맞는 과학 자유연구 경진대회를 찾아 도전해보길.

과학적 사고란?

도쿄대 우주선연구소 교수
가지타 다카아키

9

지금까지 중학생, 고등학생, 대학생까지 젊은이들이 파고든 과학연구를 소개했다. 마지막으로 제8장과 제9장에서는 과학계 최전선에서 활약하는 연구자와 함께 과학연구에 대한 마음을 키우는 법을 생각해보고자 한다. 첫 번째로 2015년에 노벨 물리학상을 받은 도쿄대 우주선연구소의 가지타 다카아키 교수의 말씀을 들어본다.

미도리 중학생이나 고등학생 과학연구에는 대학이나 전문기관이 행하는 것과는 다른 독특한 세계가 있다는 느낌이 듭니다. 특히 나와 가까운 의문에서 연구를 발전시키는 것이 매력이라고 할 수 있지요. 가지타 교수님은 대학 입학 전의 연구를 어떻게 보십니까?

가지타 고등학생의 연구에 대해 아주 잘 아는 것은 아니지만, 제 모교(사이타마현립 가와고에고등학교)의 연구활동 운영지도위원을 맡고 있어서 연 1회지만 학생들의 연구를 볼 기회가 있습니다. 말씀대로 독자적인 관점이 있어서 참 재미있지요. 물론 오랫동안 연구에 임해온 전문가 입장에서 보면 연구 주제를 파고드는 고등학생의 방식이 완전한 것은 아닙니다. 그러나 고등학생 때 뭔가에 대해 의문을 품고 나름대로 조사하는 경험을 해보는 것은 매우 중요하지요.

미도리 가지타 교수님께서는 고등학생 때 해보신 연구가 있나요?

가지타 아니요, 없습니다. 궁도 동아리 활동에 열을 올렸지요.

미도리 이 책에서 언급한 젊은이들 대부분이 어릴 때 부모님의 손에 이끌려 과학관에 갔던 경험이 과학에 관심을 갖게 된 계기라고 했습니다. 교수님도 과학관 같은 곳에 자주 가보셨나요?

가지타 아니요, 과학관에 갔던 기억은 없습니다. 그냥 어린이용 책을 읽은 정도일까요. 집이 농가여서 근처에는 산과 강이 전부였습니다. 그런 자연 속에서 열심히 놀았지요.

미도리 고등학생 때 궁도 동아리 고문이자 지구과학 담당 교사이기도 했던 선생님께 우주 탄생 이야기를 듣고 과학과 물리에 관심을 가졌다고 들었습니다.

가지타 네, 다만 그렇게까지 진지하게 우주의 탄생이나 천문학에 대해 더 배우고 싶다고 생각한 건 아니었습니다. 고등학교 3학년 때 궁도 동아리 활동을 마친 후에는 대학입시 공부만 했지요. 대학에서는 물리학과를 선택했는데, 특별히 연구자가 될 마음은 없었습니다.

미도리 가벼운 마음으로 물리학과를 선택하셨던 거네요.

가지타 솔직히 고등학생의 지식과 경험만 가지고는 물리학자가 뭘 하는 직업인지 감이 안 잡혔으니까요. 물리 연구가 어떤 건지 몰랐고, 부끄럽지만 고등학생 때는 내가 커서 뭘

할 것인지 진지하게 생각해본 적도 없었습니다.

꼭 도움이 될 필요는 없다

미도리 가지타 교수님이 젊었을 때는 그렇게 빨리 장래를 결정하지 않아도 된다는 분위기가 있었군요.

가지타 제가 최근 걱정하는 것은 도움이 될지 여부로 사물을 판단하는 젊은이가 늘고 있다는 점입니다. 고등학생들을 대상으로 제 연구에 대해 강연할 기회가 많은데, '그게 무슨 도움이 되나요?'라는 질문을 종종 받곤 해요. 저는 학생들이 우주의 신비처럼 도움이 되지 않아도 되는 과학연구의 세계가 있다는 것을 알길 바랍니다.

미도리 가지타 교수님의 연구 업적인, 뉴트리노(중성입자. 전기적으로 중성인 소립자의 일종이다—옮긴이)에 질량이 있음을 보여주는 '뉴트리노 진동의 발견'도 우리 생활과 직접 관련된 것은 아니지요. 하지만 우주 기원의 수수께끼를 고찰하는 데 필요한 관측 사실을 확립했다는 점에서 보면 고대부터 인류가 쌓아온 지식을 확장했다는 데 큰 의의가 있네요.

기초 연구의 경우 그것이 미래에 어떤 실용적인 가치가 있을지 판단하기 어려운 문제도 있잖아요? GPS(위성항법 시스템)는 비행기·선박·스마트폰 등에 탑재돼 우리 생활에 필수적인 것이 됐는데, 그 정밀도 계산을 위해서 일반상대성이론이 사용됩니다. 하지만 아인슈타인이나 그 시대를 산 사람들은 일반상대성이론이 그런 용도로 사용될 줄 상상도 못 했을 거예요.

가지타 과학연구에 대해 학생들에게 그런 잘못된 이미지를 심어주고 있다면 큰일이지요. 무엇에 도움이 되는지만 따지면 우리가 하는 기초연구는 성립할 수가 없으니까요. 도움이 되냐 안 되냐 하는 생각이 지배적인 우리 사회가 어떻게 될지 참 걱정이 됩니다. 여러 가지 생각을 가진 사람이 존재하는 게 사회잖아요.

재미있을 것 같아 뛰어들었다

미도리 다시 본론으로 돌아와서, 가지타 교수님은 1981년에 사이타마대학 물리학부 물리학과를 졸업하시고 도쿄대 대학원에서 고시바 마사토시(초신성에서의 뉴트리노 관측으로 2002년에 노벨 물리학상 수상, 2020년 11월 사망)의 연구실에 들어가셨지요. 고시바 연구팀을 희망하신 이유가 무엇인가요?

가지타 물질을 분할했을 때 더 이상 작아질 수 없을 정도로 작게 쪼갠 것인 '소립자'에 대해 더 공부하고 싶어서 고시바 연구팀을 선택했습니다. 그렇지만 그 연구팀에서 구체적으로 뭘 하는지 알았던 건 아니었어요. 지금처럼 인터넷으로 자세히 조사할 수 있던 시대도 아니어서 그냥 책자 모집 요강에 적힌 약간의 정보만 보고 그냥 결정했지요.

미도리 요즘 젊은이들 대부분은 한 살이라도 어릴 때 진로나 직업을 선택하도록 요구받는 것 같습니다. 그냥 재미있을 것 같으니까 뛰어드는 이들도 적지 않을 듯하고요.

가지타 다들 장래에 대해 너무 여러 가지를 지나치게 깊이 생각하는 것 같아요.

미도리 가지타 교수님은 대학원 석사 과정에서 처음으로 연구의 재미를 느끼신 거네요?

가지타 네, 기후현의 가미오카 광산에서 가미오칸데 실험 장치에 검출기를 장착하거나 데이터 해석 소프트웨어를 개량하는 작업이 참 재미있고 제 적성에 잘 맞더군요.

미도리 그 과정에서 훗날 대발견으로 이어지는 단서를 잡으셨던 거고요.

가지타 뉴트리노의 관측치가 이론적인 예상보다도 적어서, 처음에는 단순한 실수인 줄만 알았습니다. 그런데 소프트웨어 확인 작업을 하던 중에 뉴트리노의 관측치가 잘못된 것이 아님을 알게 됐습니다. 그후에 가미오칸데보다 더 큰 슈퍼 가미오칸데에서 연구를 이어나가 뉴트리노 진동을 발견했습니다.

연구를 위한 알은 여러 개

미도리 고시바 교수님은 제자들에게 '연구의 알을 두세 개쯤 가져라'라고 하셨다던데요.

가지타 저도 그런 말씀을 들었습니다. 진행중인 연구와는 별도로, 하고 싶은 연구 주제를 발견해 잘 덥혀놓으라는 가르침이지요. 고시바 교수님은 '대학원생을 포함하여 젊은이들이 책임 있게 일할 수 있게 하면 사람은 알아서 잘 성장한다'라고 말씀하셨습니다. 책임감을 가진 사람은 여러 생각을 하며 행동하지요. 그분은 그런 경험이 중요하다고 생각하셨던 겁니다.

미도리 고시바 교수님은 노벨상을 받으신 뒤 헤이세이기초과학재단을 설립하여 어린이들을 위한 과학 계몽에 힘쓰셨습니다(2017년 해체). 가지타 교수님도 이사를 맡고 계셨죠?

가지타 네. 이 재단 활동 중 인상적이었던 건 고등학생과 대학생을 대상으로 한 '즐거운 과학교실'이었습니다. 전국 각지에서 개최하는 출장 수업에서 저도 한두 번 강의를 했어요. 고시바 교수님은 중요한 건 학생이 자발적으로 참가하여 생각하고 '즐기는' 것이지, '즐겁다는 느낌'이 아니라고 강조하셨습니다. 그래서 학급 아이들 전원을 참가하게끔 하는 방식은 안 되고, 수업을 듣고 싶은 사람만 자발적으로 신청하는 형식이었어요.

미도리 자발적인 참가에 의미가 있다는 거네요.

가지타 그렇습니다. 그리고 스스로 생각해야 하는 거고요.

'과학적 생각'이란

미도리 '과학적 생각'이란, 어떤 사고법인가요?

가지타 우선 의문을 가지고 거기에 대해 생각하는 것인데, 단순히 생각만으로는 부족합니다. 그 생각이 옳은지 확인하기 위해 관찰하거나 실험을 해서 어떤 결과를 얻어야 하지요. 그 결과를 다른 말로 표현하자면 바로 '데이터'입니다. 그 데이터를 가지고 선입견 없이 해석해야 합니다. 그런 과정이 과학적 생각이라고 할 수 있겠지요.

미도리 선입견이 없어야 한다는 부분이 참 어렵네요.

가지타 네, 정말 어렵지요. 솔직히 말씀드리자면, 저도 그 부분은 어떻게 해야 좋을지 모르겠어요(웃음). 여러 가지 각도에서 문제를 보고, 시간을 들여 이해가 갈 때까지 해내는 것이 중요하다고 봅니다.

미도리 마지막으로, 어린이들이 과학에 대한 관심을 키우는 데 어떤 것이 필요하다고 생각하시나요?

가지타 자유롭게 쑥쑥 자라게 하는 환경이겠지요. 어떤 일에 도움이 될지 고민하는 사람도 당연히 필요하지만, 그런 사람들만 존재하면 사회가 활력을 잃게 되죠.

미도리 인터뷰에 응해주셔서 감사합니다.

호기심의 씨앗이 없으면 꽃도 피지 않는다

미국 텍사스대 오스틴 캠퍼스 석좌교수 도리 게이코

10

제9장에 이어, 연구자와 함께 과학에 대한 마음을 키우는 법을 생각해보고자 한다. 여기서는 미국 택사스대학교 오스틴 캠퍼스의 석좌교수이자, 식물학자인 도리 게이코를 인터뷰한다. 도리 씨는 2015년에 과학 분야 최전선에서 활약하는 여성 과학자에게 수여하는 사루하시 상猿橋賞, 미국 식물생리학회 펠로 상, 2022년에는 '학술 및 예술 등의 분야에서 뛰어난 업적을 남겨 일본 문화와 사회 발전 및 상향에 지대한 공헌을 한 개인 혹은 단체'를 표창하는 아사히 상도 수상한 인물이다. 그런 그에게 자신의 어린 시절 및 미국과 일본의 교육 환경 차이에 대해 물어보았다.

미도리 도리 교수님은 강연이나 기사에서 '무의식적 편향'

을 언급하셨는데요. '여성은 남성보다 수학적 능력이 부족하다' '어머니는 아버지보다 관리직에 맞지 않는다' 등의 젠더 편향(성별에 대한 편견)이 전형적인 무의식적 편향으로, 이것이 여성 연구자 수의 증가를 막고 있으며, (하는 업무는 남성과 똑같은데) 여성 연구자가 다양한 과학상을 수상할 기회에 안 좋은 영향을 주는 요인일 수 있다고 지적하셨지요. 무의식적 편향은 사람이 성장하는 동안 경험하는 사건에 기초하여 만들어진다고 하는데, 구체적으로 어떤 사건을 말하는 걸까요?

도리 무의식적 편향이란 원래는 '낯선 사람의 속성을 추정하여 위험을 피하자'는 무의식적 안전 대책에서 오는 것일 수 있습니다. 그러나 이 무의식적 편향에 의해 어린이들이 가진 미래의 싹을 꺾어버릴 우려가 있지요.

어느 식물학자에게 들은 일화가 있어요. 어릴 때 유치원에서 그림 그리기 시간에 꽃을 그렸더니 "남자애가 꽃 그림을 왜 그리니? 자동차는 안 그려?"라는 말을 선생님께 듣고 충격을 받았다고 해요. 유치원 교사가 가진 무의식적 편향에 의해 미래의 식물학 발전 기회를 놓칠까봐 걱정스러워요.

대학원 시절에는 이런 일도 있었어요. 이웃에 개구리를

좋아하는 소녀가 살았어요. 마침 근처에 개구리가 있어서 제가 그걸 들고 생태 등을 설명했더니 그애 어머니가 "그런 징그러운 걸 손에 쥐면 어떡하니!"라고 크게 화를 내시더군요. 개구리를 통해 만난 인연은 그걸로 끝이었지만, 그애는 한동안 저를 '개구리 언니'라고 불렀대요.

미도리 생물학 연구자에게서 우리 주변의 생물에 대해 배울 기회였는데 너무 아깝네요.

도리 남자아이든 여자아이든, 특히 초등학교 저학년까지는 그 아이의 관심을 저해하지 않고 키워주는 환경을 조성하는 게 중요하다고 생각합니다.

무의식의 편향은 바꿀 수 있다

미도리 이 책에 등장하는 야마모토 미유의 어머니는 '공벌레를 키우고 싶다'는 딸의 요청에 처음엔 안 된다고 반대했다가 금방 '아이가 가진 호기심의 싹을 자르면 안 되는데' 하고 반성했다고 하지요. 그후에 미유의 바람대로 집에서 여러 가지 생물을 키울 수 있었다고 합니다. 어린이의 희망에 저항감을 느끼다가 이렇게 수정하는 경우도 있더군요.

도리 참 훌륭한 어머니시네요. 무의식적 편향은 말 그대로 무의식적으로 가지고 있는 것이어서, 어떤 편향이 있는지를 알고 의식적으로 바꿔나갈 수밖에 없습니다.

미도리 도리 교수님은 어릴 때부터 식물을 좋아하셨나요?

도리 아뇨, 초등학생 때는 식물보다는 곤충을 더 좋아했어요. 여러 가지를 키워봤어요. 산호랑나비 유충을 길러서 번데기에서 나비가 될 때까지 매일 필름 카메라로 촬영했는데, 아버지가 그 작업을 도와주셨습니다. 초등학교 입학 선물로 어머니가 원하는 걸 사준다고 하셔서 현미경과 망원경을 갖고 싶다고 했더니, 두 가지 모두는 안 된다고 해서 결국 현미경만 골랐어요. 접안렌즈가 하나밖에 없고 배율도 바꿀 수 없는 현미경이었지만, 곤충 날개나 물벼룩 등을 자주 관찰하곤 했어요.

미도리 그때 만약 망원경을 선택했더라면……

도리 어쩌면 다른 진로를 선택했을지도 모르겠네요(웃음). 지금도 그렇지만, 육안으로 보이지 않는 세상을 보는 게 참 좋았답니다.

미도리 실험도 하셨나요?

도리 전문적인 실험은 아니었고, 초등학교 저학년 시절에 민달팽이에 소금을 뿌리면 작아진다고 들어서 혹시 설탕을 뿌리면 커지는 게 아닐까 하는 생각으로 정원에 있던 민달팽이에 설탕을 잔뜩 뿌린 적이 있었습니다.

미도리 그랬더니 어떻게 됐나요?

도리 커지기는커녕 쪼그라들어 죽었습니다. 제가 너무나도 나쁜 짓을 했다는 사실에 충격 받아 울음을 터트렸지요. 그땐 얼른 집 안으로 뛰어들어가 곧바로 잊으려 했는데, 지금 돌이켜보면 제가 실험한 건 '민달팽이에 설탕을 뿌리면 커진다'라는 가설의 검증이었습니다. 그 가설은 잘못된 것이었지만 조금 더 파고들었다면 소금이나 설탕을 뿌리면 삼투압 작용으로 민달팽이 체내의 수분이 밖으로 나오기 때문에 쪼그라든다는 사실을 알아냈을지도 모르겠네요.

가설은 원래 폐기하는 것

미도리 재미있는 착안점에서 연구를 발전시키기까지 다른 사람의 조언이 있으면 더 좋을 것 같네요.

도리 그렇지요. 가설은 기각하는 것으로 봐야 해요. 즉 일단 가설을 세우면 그 가설이 옳지 않음을 증명하는 실험이나 가설이 성립되는 조건을 좁히기 위한 대조 실험을 하고, 실험으로 그 가설이 기각될 수 없음을 밝혀야 그 가설이 옳음을 증명할 수 있어요. 그게 과학적 방법이지요. 실험이나 대조 실험을 하려면 지식과 경험이 필요하니까 선생님이나 주변 어른들의 조언이 있으면 더 좋습니다.

미도리 젠더 편향의 측면에서 보면, 곤충이나 현미경에 관심을 가지는 모습을 보고 '여자애한테 그런 건 안 된다'라는 말이 나왔을 것 같은데요. 부모님은 반대보다는 오히려 응원을 해주셨던 거네요.

도리 부모님께 젠더 편향이 없었다고는 생각 안 해요. 1920년대에서 1930년대 즈음의 세대셨으니까요. 그렇지만 지금 돌아봤을 때 제가 운이 좋았던 건, 저희가 세 자매였던 점이었어요. 세 명 중 한 명은 남자애 같아도 괜찮지 않을까 생각하신 게 아닐까요. 그 덕분에 흙에서 뒹굴며 놀고, 곤충을 키워도 다 허락하셨던 것 같아요. 흰개미를 키웠을 때는 진짜 혼나긴 했지만요(웃음).

미도리 도리 교수님은 식물 세포가 의사소통을 해서 어떤 세포는 기공(잎사귀 표피에서 이산화탄소를 흡수하고 산소나 수증기를 방출하는 작은 구멍)이 되고 또다른 세포는 잎살이 된다고, 이러한 식물 형성 메커니즘을 유전자 수준에서 밝혀내셨잖아요? 그런 식으로 인간도 주변 환경에 따라 역할 분담이 달라지는 것 같아요.

도리 네, 맞습니다. 같은 이과 계열 여학생이어도 여학교 출신이 공학 출신보다 더 실험에 적극적으로 나선다는 연구 결과도 있거든요. 공학이라면 여학생은 기록 담당이나 남학생의 보조 역할만 하게 될 때가 많은데, 여학교는 그런 일이 없으니까요.

저는 늘 공학만 다녔는데, 만약 집에 자매만이 아니라 남자 형제가 있었다면 부모님은 아들에게만 가진 자원을 다 투자하셨을지도 몰라요. 그러니 무의식적 편향을 고치고, 어린이가 가진 미래의 싹을 꺾지 않도록 해야 하지요. 이 책에서처럼 롤모델을 소개하는 것이 무척 중요하다고 봐요. 이 세상의 아버지 어머니가 '이런 사람들도 있으니 너도 괜찮겠구나'라고 의식을 바꾸는 계기가 될 테니까요.

어린이의 관심을 길러주자

미도리 도리 교수님은 아버지 일 때문에 중학교 2학년부터 고등학교까지 뉴욕에서 다니셨다고 들었습니다. 또한 연구자가 된 후에는 미국에서 아이를 키우시고요. 무의식적 편향에 대해서는 미국이 일본보다 덜할 거라는 느낌이 있는데, 어떻게 보시나요?

도리 미국에서 젠더 편향이 줄어드는 느낌은 있습니다. 그러나 인종에 대해서는 여전히 문제가 크지요. 일본에서 일어나는 성차별처럼 인종에 대한 무의식적 편향이 구조적 차별의 원인이 되고 있습니다. 예를 들어 미국에서는 일본·한국·중국 등 동아시아계가 과학과 수학을 잘하는 게 당연하다고 여겨요. 그래서 어떤 명문대의 입학시험에서는 아시아인 학생이 늘어나지 않도록 '인격 점수'로 아시아계를 낮게 평가하는 게 아닐까 하는 의혹도 제기된 적이 있지요. 그런 편향이 아시아계 학생을 괴롭힙니다.

제 두 딸은 독일인과의 혼혈이라서 따지고 보면 백인에 좀 더 가까운 편인데, 큰딸이 고등학교에 입학했을 즈음 새로 알게 된 아시아계 미국인 아이한테서 '우리 아시아계와는 달리 넌 공부 압박이 적어서 좋겠다'라는 말을 들었다고 해요. 미국에는 미국만의 편향이 있는 거지요.

일본은 자녀 수가 감소하고 있어서 성별 같은 선천적인 속성 차이에 집착할 여유는 없을 것 같아요. 그러니 그 아이가 관심을 가지고 재능을 발휘하도록 키울 수밖에 없겠지요.

어린이의 연구를 인정하자

미도리 학교 교육 면에서 미국과 일본은 어떤 차이가 있나요?

도리 미국은 형식에 사로잡히지 않고 그 학생 나름의 연구를 인정해주는게 장점인 것 같아요. 둘째 딸은 어릴 때부터 벌레를 싫어해서 저는 그게 처음에는 충격이었지만(웃음), 컴퓨터를 좋아한다는 사실을 알게 됐지요. 그래서 초등학교 2학년 때 스크래치라는 어린이용 프로그래밍 소프트웨어를 활용해서 구구단을 외우는 게임을 만들었습니다. 좀 더 학년이 올라가서는 수학 수업에서 복잡한 확률 계산을 할 때 다른 아이들은 손으로 계산하느라 애를 쓰는데, 제 둘째 딸은 프로그램을 짜서 훨씬 빨리 답을 찾아 상으로 사탕을 받아왔어요.

일본에서라면 '그러면 반칙이 아니냐'라고 화를 낼지도 모르겠지만, 미국에서는 '대단하다'라면서 칭찬을 받아요. 일본의 초등학교 수학은 문장식이어서, 답은 결국 똑같은데도 정해진 순서로 식을 쓰지 않으면 오답 처리되는 경우가 있지만 미국은 그렇지 않아요.

미도리 편향 극복 외에, 어린이가 과학에 대한 마음을 키우려면 어떤 것이 도움이 될까요? 도리 교수님에게도 '이걸 하길 잘했다'고 생각한 것이 있나요?

도리 미술학원에 다닌 일이요. 초등학생 때 석고 데생과 유화를 배웠습니다. 제 연구에서는 실제 잎사귀 표면 구조를 보면서 머릿속으로 거기에 어떤 인자가 작용하는가를 생각해야 해요. 조건을 바꾸어 실험한 결과를 늘어놓고 어떤 부분을 더 깊이 조사해야 하는지 고찰하는 일이 그림의 진위를 가리는 감정사의 일과 비슷하다고 봅니다. 저는 그림 감정은 할 줄 모르지만, 제 연구에서는 현미경 사진을 바라볼 때 '이거다!' 하고 감이 딱 올 때가 종종 있어요.

미도리 식물 세포 네트워크에 대해 생각할 때 그림 그리기 능력이 활용된다는 거네요.

도리 그렇지요. 고도의 실험 기술과 정밀한 데이터를 내놓지만 새로운 발견에 어려움을 겪는 생물학자, 계산은 잘해도 새로운 수식을 잘 발견하지 못하는 이론 물리학자도 있어요.

실험 기술과 계산 능력을 발휘할 수 있는 분야도 있으니, 각자가 잘하는 일을 조합해서 연구를 진행하면 좋겠지요. 제 경우는 미술학원에 다닌 경험이 도움이 된 것 같아요.

재미에서 시작하다

미도리 연구자가 되고자 한 계기는 무엇인가요?

도리 저는 미국 뉴욕에서 고등학교 생활을 하다 생물학 연구자 연구실에 방문했던 것을 계기로 생물학 연구에 관심을 갖게 됐습니다. 우연히 일본인 보습수업교(補習授業校, 일반 학교 교육에서 다루지 못하는 내용을 특정한 날에 보충하여 수업하는 학교—옮긴이)의 친한 친구 아버지가 저명한 분자생물학자였어요. 당시 제약회사 로슈의 연구소에서 일하셨는데, 한번 놀러 오라고 권유하셔서 뉴저지에 있는 연구실을 견학할 수 있었어요(후루이치 야스히로 씨로, 유전물질의 메신저 RNA의 보호 및 정보 전달에 관여하는 '캡'이라는 구조를 발견했다. 화이자나 모더나의 신종 코로나바이러스 백신에도 응용되고 있다). 그리고 제 작은할아버지(다사카 이치지 씨, 뇌 신경섬유에서 활동전위가 띄엄띄엄 전달되는 것을 밝힌 세계적으로 저명한 신경생물학자)가 계셨던 매사추세츠의 우즈홀해양연구소에도 견학을 갔지요. 실험실에 여러 장치가 잡다하게 놓여 있는 걸 보고 '생물학은 참 재미있을 것 같다'는 인상을 받았습니다.

미도리 처음에는 그냥 '재미있겠다'는 어렴풋한 동경에서 시작했던 거네요.

도리 암 같은 난치병을 치료하고 싶어서 세상을 구하는 연구를 하는 분이 계시고, 참 대단한 분들이죠. 부끄럽게도 저한테는 그런 동기가 없었지만요.

미도리 하지만 기공이 생기는 메커니즘을 밝힌 도리 교수님의 연구가 결과적으로는 여러 방면에 도움이 됐잖아요.

도리 네. 기공을 줄이면 광합성 효율이 낮아져 농작물이 잘 자라지 않아 수확량도 줄어들 것처럼 보이지요. 하지만 어느 연구에서는 기공을 조금 줄이면 수확량은 줄어들지 않고 오히려 건조함을 견디는 힘이 강해져서 물 이용 효율이 올라간다고 보고했어요. 실제 온난화를 모델로 한 고온화 환경에서는 오히려 수확량도 올라간다는 논문도 최근에 발표됐지요. 그런 연구에 저희가 발견한 유전자가 이용되고 있어요. 그 외에 기공을 늘리는 개량에도 저희 유전자가 사용되고요.

미도리 기공을 늘리면 식물이 이산화탄소를 열심히 흡수하게 되겠네요.

도리 이산화탄소 농도가 늘어나면 대개 식물은 기공 개수를 줄여요. 식물은 광합성에 필요한 이산화탄소만 흡수하면 되니까, 이산화탄소 농도가 높으면 기공 수를 줄여 과한 이산화탄소 섭취를 막으려 하지요. 그래서 인위적으로 기공을 늘리면 이산화탄소 저감에 도움이 될 뿐만 아니라, 수확량도 늘지 않을까 하는 발상에서 연구를 진행하고 있습니다.

미도리 처음으로 그 유전자를 발견하셨을 때, 기공의 메커니즘과 관련된 줄은 모르셨던 거네요.

도리 네, 전혀 몰랐어요. 어떤 기능이 있는지 조사하다가 처음으로 기공이 관련되어 있음을 밝혀냈지요. 운이 좋았던 건, 그런 일련의 유전자가 제가 실험에 썼던 '애기장대'라는 십자화과 식물만이 아니라 양치식물이나 솔이끼를 포함한 육상식물에 널리 보존되어 있었다는 점이었어요. 다양하게 응용할 수 있는 것도 바로 그 덕분이지요.

호기심의 씨앗이 없으면
꽃도 피지 않는다

미도리 가지타 다카아키 교수님도 지적하신 부분이지만, 호기심에 기초한 연구가 참 중요한 것 같아요.

도리 씨앗이 없으면 꽃은 피지 않아요. 다른 연구팀이 저희 유전자를 사용해서 작물 연구를 진행하는 것을 보고 저도 참여해보려 했는데, 안타깝게도 제가 끼어들 틈이 없을 만큼 응용 연구 진보가 빨라서 5~6년 전까지는 그 딜레마에 고민이 많았답니다.

결국 지금은 저만 할 수 있는 일을 해서 새로운 유전자를 많이 찾아내자는 동기로 연구하고 있습니다. 누군가가 재미있는 유전자를 찾아내면 다른 사람이 그걸 응용하는 것이 과학의 발전이라고 생각해요. 실제로 2022년 7월에 유럽에서 열린 국제회의에서, 필리핀 국제 벼 연구소의 대규모 재배 실험을 하는 연구팀으로부터 "교수님이 유전자를 많이 발견해 주신 덕분에 우리 연구가 성공할 수 있었어요"라는 말을 들었습니다. 물론 인사치레겠지만요.

미도리 마지막으로 앞으로 과학자가 되고 싶은, 혹은 과학에 관련된 일을 하고 싶은 젊은이들에게 한 말씀 해주세요.

도리 생물학에 관해서 말하자면, 매우 축복받은 시대라고 생각합니다. 가장 큰 이유는 생물의 설계도인 게놈 정보를 이전보다 간단하게 저비용으로 얻어낼 수 있게 됐기 때문이지요. 그 덕분에 종래는 초파리나 선충, 애기장대와 같은 특정 종류의 동식물에서밖에 얻을 수 없었던 지식을 각양각색의 대상에게서 발견할 수 있게 됐습니다.

더 나아가 야외에서 채취한 식물의 게놈만이 아니라 그 식물과 공생하는 박테리아의 게놈까지 동시에 조사할 기술도 있습니다. 같은 식물이라도 환경이 바뀌면 공생 박테리아도 달라지므로, 환경과 박테리아가 어떤 식으로 관련이 있는지 등 연구해야 할 것이 잔뜩이지요. 게놈 해석 기술의 보급으로 연구자들이 다양한 생물의 세계에 직접 파고들 수 있게 된 거예요.

그 결과로 최근 폭발적으로 증가한 게놈 정보를 이용해 새로운 생명 원리를 밝히려는 생물정보학도 크게 발전했습니다. 저도 최근에는 간단한 프로그래밍이나 통계 방법을 공부하고 있는데, 앞으로의 생물학자들은 컴퓨터 해석 기초를 습득해야 할 것으로 보여요. 물론 모든 분야의 전문가는 될 수 없으니, 다른 분야의 연구자들과 협력하는 것도 무척 중요하겠지요.

미도리 좋은 의견 감사합니다.

나오며

이 책은 인터넷 매체인 '슬로 뉴스'에 게재된 〈13세부터의 과학〉(2021년 2월~2022년 7월)을 정리한 것이다.

기본 내용은 내가 《주간 신초》(2015년 12월 24일 호)에서 쓴 〈'슈퍼사이언스하이스쿨'의 실태〉라는 기사다. 이 기사에 관심을 보인 출판사 포푸라샤ポプラ社의 곤도 준 씨에게 요청을 받아 이 책의 기획이 시작되어 '슬로 뉴스'에 연재할 기회를 얻었다.

《주간 신초》의 기사에서는 매년 개최되는 슈퍼사이언스하이스쿨 학생 연구발표회에 참가한 고등학생에 대해서만 다뤘지만, 이 기획에서는 대상 범위를 좀 더 넓혀 과학 자유연구 경진대회에서 상을 받은 연구 가운데 관심이 가는 부분을 선정하여 새로 취재했다. 다만 야마모토 미유와 다가미 다이키는 이 책에서 다시 등장하게 됐다.

예전에는 어쭙잖은 마음으로 고등학생 이하의 과학 자유 연구를 '보나마나 어른들이 하는 연구의 미니어처쯤 되겠지'라고 얕봤다. 대학에서 본격적인 연구를 하기 전 준비 운동으로만 봤던 것이다. 그런데 그들의 연구 내용을 조사하고 이야기를 들어보니, 성인들의 연구와는 전혀 다른 독자적인 세계가 있음을 알게 됐다. 성인 연구자는 일정한 연구결과를 노리고 예산을 따내기 쉬운, 유행하는 연구 주제를 좇기 십상이다. 그러나 어린이들은 매우 소박하면서도 대담해서 성인이라면 무시할 연구 주제에 과감히 도전한다. 그래서 과학 자유 연구의 세계가 다채롭고 재미있는 것이다.

가설을 세우고 실험하며 검증하는 것이 과학적 방법이다. 각 단계에는 다양한 능력이 요구된다. 가설을 세우려면, 예를 들어 주변에서 일어나는 사건을 주의 깊게 관찰하여 의문점을 발견하고, 그 의문을 밝히기 위해 과거의 문헌을 꼼꼼하게 조사해야 한다. 실험에서는 가설의 옳고 그름을 알아내는 조건을 설정하는 구상 능력, 검증에서는 실험 결과에서 이끌어내지 못하는 부분은 주장하지 않는 자제심이 필요하다.

이런 능력을 어린 시절에 익혀두면 장래 과학자가 될 때는 물론이요, 그렇지 않은 경우에도 큰 도움이 된다. 운동선수라면 연습 방법(가설)을 생각하고, 연습해서 대회(실험)에 출전하여 그 결과에 맞는 연습 방법을 개선(검증)하게 될 것이다. 또한 사업가라면 사업 계획(가설)을 세우고, 시장 조사를 통해 제품 및 서비스를 시장에 투입(실험)하여, 그 결과에 맞춰 생산량 조절이나 마케팅 방식을 변경(검증)하는 데 힘쓰게 될 것이다. 이런 것들 모두 기본적으로는 과학적 방법과 같다.

과학적 방법은 새로운 발견을 이끄는 기법으로서 발전해 왔다. 어떤 운동, 어떤 사업도 남과 같은 것을 해서는 경쟁에서 이길 수 없다. 새로움을 요구하는 분야에서 과학적 방법은 특히 위력을 발휘할 수 있다.

새로운 것이 사실은 전혀 새롭지 않고, 효과가 있다고 하는 것이 실제로는 효과가 없음을 밝힐 때에도 과학적 방법은 큰 도움이 된다. 세상에는 간단히 병이 낫고 돈을 쉽게 벌어들일 수 있다는 유혹적인 말이 넘쳐나는데, 과학적 방법을 익혀두면 어떤 실험이 이루어졌는지, 어떻게 검증되었는지 등 선전의 이면까지 생각이 닿을 것이다. 알아차리기 힘든 교묘

하고 복잡한 거짓말도 있지만, 과학적 방법을 꼼꼼하게 적용한다면 대부분의 거짓말은 쉽게 밝혀낼 수 있을 터이다. 그런 의미에서 과학적 방법은 일상생활에도 도움이 된다.

또한 내게도 초등학생 딸이 있어서, 이 책에 등장하는 부모님들에게서 많이 배울 수 있었다. 노자키 마이의 어머니처럼 아이가 학교에 가고 싶지 않다고 할 때 어서 가라고 꾸짖기보다 애정을 주고, 다가미 다이키의 어머니처럼 자녀의 도우미로서 역할을 하고 싶다. 자연을 접하고, 과학관에 견학을 가는 등 과학에 관심을 가질 만한 기회를 늘려 이후에는 아이를 믿고 꾸준히 돕는 일. 그것이야말로 아이에게 과학적 사고를 익히도록 해줄 지름길이 아닐까.

이 책에 등장하는 젊은이들이나 과학계 최전선에서 활약하는 연구자들의 말이 독자 여러분에게 과학적 방법에 대해 생각하는 계기가 되길 바란다.

2022년 10월

미도리 신야

참고문헌

- 《ニュートリノの夢》, 小柴昌俊, 岩波ジュニア新書, 2010.
- 《寺田寅彦 漱石, レイリー卿と和魂洋才の物理学》, 小山慶太, 中公新書, 2012.
- 《ウルトラ・ダーウィニストたちへ　古生物学者から見た進化論》, ナイルズ・エルドリッジ 著, 新妻昭夫 訳, シュプリンガー・フェアラーク東京, 1988.
- 《絵でわかる麹のひみつ》, 小泉武夫著, おのみさ絵·レシピ, 講談社, 2015.
- 〈過小評価続く女性研究者 米国でもマチルダ効果歴然〉, 鳥居啓子, Science Portal, 2016. 1. 25.
  https://scienceportal.jst.go.jp/explore/opinion/20160125_01/index.html
- 〈女性研究者が自由に素晴らしい研究をするために〉, 鳥居啓子, Sci-

ence Portal, 2018. 5. 18.
https://scienceportal.jst.go.jp/explore/highlight/20180518_01-2/index.html
- 〈女性教授が指導すると女性研究者は伸びない？〉, 鳥居啓子, 論座, 2020. 12. 7.
https://webronza.asahi.com/science/articles/2020112900003.html

- 이 책은 웹진 'SlowNews'에 게재된 〈13세부터의 과학〉(2021년 2월~2022년 7월)을 수정하여 펴낸 것이다. 이 책에 등장하는 인물들의 직함이나 나이는 취재 당시 기준이다.